市政工程施工标准化指导手册

市政基础设施智慧运管指导手册

Standardized Instruction Manual for Smart Operation and Management of Municipal Infrastructure

陕西华山路桥城市运营有限公司
陕西华山路桥集团有限公司 编著
常亮亮 田 旺

中国建筑工业出版社

图书在版编目（CIP）数据

市政基础设施智慧运管指导手册 = Standardized Instruction Manual for Smart Operation and Management of Municipal Infrastructure / 陕西华山路桥城市运营有限公司等编著 . —北京：中国建筑工业出版社，2022.12

（市政工程施工标准化指导手册）

ISBN 978-7-112-28236-4

Ⅰ. ①市… Ⅱ. ①陕… Ⅲ. ①基础设施—市政工程—运营管理—手册 Ⅳ. ① TU99-62

中国版本图书馆 CIP 数据核字（2022）第 240329 号

责任编辑：李玲洁
责任校对：芦欣甜

市政工程施工标准化指导手册

市政基础设施智慧运管指导手册

Standardized Instruction Manual for Smart Operation and Management of Municipal Infrastructure

陕西华山路桥城市运营有限公司
陕西华山路桥集团有限公司　编著
常亮亮　田　旺

*

中国建筑工业出版社出版、发行（北京海淀三里河路9号）
各地新华书店、建筑书店经销
北京点击世代文化传媒有限公司制版
临西县阅读时光印刷有限公司印刷

*

开本：850×1168毫米　1/32　印张：3　字数：82千字
2023年2月第一版　2023年2月第一次印刷
定价：**50.00** 元
ISBN 978-7-112-28236-4
（40206）

编 委 会

前　言

据调查分析发现，现阶段我国的城市基础设施传统养护工作面临诸多困难。养护资金不足，养护机械化程度低，养护生产落后，养护职工思想观念滞后等，种种因素都在一定程度上增加了养护工作的难度，影响了养护工作的正常有序开展。目前，市政基础设施的养护和管理未能达到“精细化”的程度，尚且属于“粗放型”管理。这种粗放型管理存在较多弊端，例如养护细节不到位、养护方法缺乏差异性、动态管理难度大、应急处置滞后等问题。在粗放型管理的环境下，不利于城市市政基础设施的管理与城市的发展。

基础设施智慧养护在基础设施数字化的基础上，充分借助大数据、物联网、云计算、5G、人工智能等新一代信息技术、先进传感器技术、自动控制技术、智能决策技术，集成人员、技术、装备、数据、管理等要素，以基础设施智能化、公共服务便利化、社会治理精细化为重点，实现对基础设施养护全过程、全要素的数字化、智慧化、网络化、精准化等管理方式。

本书通过梳理城市智慧运管的理念，总结智慧运管技术，以典型应用场景为例，发掘城市智慧运管新内涵，提出了一系列智慧运管的新理念、新架构，意在为建设技术先进、社会效益良好、生态环境友好的新型智慧城市提供参考。

本书由陕西华山路桥城市运营有限公司负责解释。读者在使用本手册过程中，请及时将意见和建议反馈给陕西华山路桥城市运营有限公司（地址：陕西省西安市国际港务区港兴二路 5699 号招商局丝路中心南区 3 号楼，邮箱：976362165@qq.com），以便今后修订时参考。

目　录

第 1 章　平台搭建　001
1.1　传统巡查存在的问题　001
1.2　智慧巡查的优势　004
1.3　系统框架建立　006
1.4　硬件安装调试　012

第 2 章　数据采集　014
2.1　道路工程　015
2.2　桥梁工程　016
2.3　隧道工程　017
2.4　管网工程　018
2.5　亮化设施　022
2.6　交通工程　027
2.7　绿化环卫　029
2.8　泵站设施　032

第 3 章　数据分析处理　034
3.1　道路工程　034
3.2　桥梁工程　036
3.3　隧道工程　039
3.4　管网工程　041
3.5　亮化设施　042
3.6　交通工程　043

3.7 绿化环卫 044
3.8 泵站设施 047
3.9 垃圾清运 048

第 4 章 应急管理 050
4.1 防汛保障 050
4.2 迎检维稳 052
4.3 应急管理制度 053
4.4 应急预案启动及响应 054

第 5 章 数据信息管理 057
5.1 人员信息管理 057
5.2 资产信息管理 060
5.3 物资设备管理 061
5.4 工单数据管理 068
5.5 系统日常维护 071

第 6 章 智慧运维应用案例 073
6.1 健全管理机制，提升运维理念 073
6.2 搭建平台系统，融合前沿技术 075
6.3 做好试点示范，助推科技引领 078
6.4 加大智慧应用，保障城市发展 081

第 1 章　平台搭建

1.1　传统巡查存在的问题

传统巡查完全依靠人工巡查，并通过手工抄录的方式，在巡查结束后将异常情况上报，汇总形成巡查报告（图 1-1）。

市政设施每日巡查报告				
巡查日期：	巡查员：		统计员：	
巡查范围：	巡查专业：道路			
损坏设施照片	09:40	16:18	07:32	07:44
损坏设施名称、具体位置及相应描述	××× 路交叉口南侧东主道，路面坑槽下沉	××× 假日酒店处，止车石损坏	××× 路巡查	××× 路巡查
备注意见	正常巡查	正常巡查	正常巡查	正常巡查
损坏设施照片	08:05	09:08	08:56	08:46
损坏设施名称、具体位置及相应描述	××× 路巡查	××× 路巡查	××× 路巡查	××× 路巡查

01 道路　02 桥涵隧道　03 排水　04 照明　05 给水　06 电力管沟（管廊）　07 交安　0 号坝　围挡及井下穿线　…　+

图 1-1　巡查报告

这样的方式简单易学，对于操作人员的要求不高，但是当抄录错误时，修改不便。传统人工巡查容易出现误报、漏报现象，无法做到 24h 不间断巡查。传统人工巡查还存在以下弊端：

1.1.1 人工巡查考核难度大

1 传统巡查方法是根据巡查人员所负责的区域，拍照上传工作群打卡，人工巡查在岗情况通过管理人员现场抽查的方式，造成该种考勤方式存在不全面的问题。

2 巡查人员的巡查质量难以量化考核，巡查轨迹无法考证。

1.1.2 人工巡查效率低

1 人工巡查受外界环境影响大，尤其是雨雪大雾等特殊天气，给人工巡查带来了极大的不便。

2 人工巡查难度大，尤其是在夜间，巡查效率难以保障。

3 巡查范围较大、专业类型较多时，需要投入大量人工，且效率依然较低。

1.1.3 时效性差

1 巡查人员每天下班后完成巡查表整理（描述病害类型、病害具体位置，设备故障类型、故障设备位置并附图片）、上报相关负责人，再由管理员对巡查表描述的病害信息按照地点和事件类型进行分类，然后由管理员下发维修指令至设施维修组，整个流程节奏缓慢，造成维修时效性差。

2 人工巡查上报的巡查表只有简单的位置描述，不利于维护人员精准定位，不能实现快速处置的目的。

1.1.4 安全性差

1 由于城市道路机动车辆的快速增长，道路拥挤、交通繁忙等因素，因超速驾驶和酒后驾驶等违章违法行为导致巡查人员受伤，同时众多的非机动车违规驾驶造成事故。

2 巡查人员工作时时常面对道路上滚滚车流和人流，在巡查拍照过程中容易受到机动车伤害（图 1–2）。

3 从事人工巡查工作的大多是年龄偏大、文化程度偏低的人员，安全生产意识淡薄，反应灵敏度差，缺少良好的自我保护意识。

图 1-2　日常巡查

1.1.5　人工巡查误差较大

1 巡查人员发现细微病害时不能准确地辨识，导致病害、隐患不能得到及时处置。

2 巡查人员每天上报的巡查表集中由管理人员分类汇总，管理员因缺少现场实际考察，对病害、故障没有直观的认识，造成病害、故障分类不准确。

3 管理员每天面对大量的巡查单，分类汇总工作量大，统计过程中容易疏漏个别病害、隐患。

4 巡查人员因天气原因，如雨、雪天，现场无法及时填写巡查单，下班后汇总过程中易发生错误、遗漏等诸多情况。

1.1.6　无法对安全隐患及时处置

1 管理员每天整理、汇总各区域、各专业巡查单，分类汇总工作量大，造成统计不及时，无法对设施变化趋势进行实时跟踪，造成隐患未能及时处置。

2 人工巡查时效性差，造成养护维修不及时。

1.2 智慧巡查的优势

利用人工智能、5G、物联网、大数据等前沿技术，依托智慧运管平台，并结合全国领先技术，上线设施管理车载智慧巡查系统，为市政道路及配套设施巡检提供强有力的科技支持。通过智能巡查机器人实现对地下管廊、隧道等设施 24h 不间断巡查。采取在井盖、路灯、箱变等设施安装智慧模块，可实现远程操控。

1.2.1 提供完善的工作计划

智能巡检管理系统可以支持不同时间段比如每日、每周或每月等灵活的考核方式，按照区域划分或人员定岗生成工作计划。通过这种方式使巡检工作井然有序、高效快捷（图 1–3）。

巡查记录管理

序号	道路	[illegible]	[illegible]	[illegible]	[illegible]
1	[illegible]	5	2020-03-27	已到位	2020-03-27 11:18:06
2	[illegible]	起点	2020-03-27	已到位	2020-03-27 11:18:11
3	[illegible]	起点	2020-03-27	已到位	2020-03-27 11:20:01
4	[illegible]	起点	2020-03-27	已到位	2020-03-27 11:20:46
5	[illegible]	起点	2020-03-27	已到位	2020-03-27 11:22:31
6	[illegible]	2	2020-03-27	已到位	2020-03-27 11:26:16
7	[illegible]	1	2020-03-27	已到位	2020-03-27 11:28:01
8	[illegible]	2	2020-03-27	已到位	2020-03-27 11:33:46
9	[illegible]	2	2020-03-27	已到位	2020-03-27 11:36:41
10	[illegible]	1	2020-03-27	已到位	2020-03-27 11:39:26
11	[illegible]	起点	2020-03-27	已到位	2020-03-27 12:16:46
12	[illegible]	1	2020-03-27	已到位	2020-03-27 12:17:21
13	[illegible]	2	2020-03-27	已到位	2020-03-27 12:17:41

共 310808 条 1 … 15536 15537 15538 15540 15541

图 1–3　巡查考核

1.2.2 实时跟踪记录观察

对于智能巡检人员进行实时数据统计，记录所有巡检工作人员的工作情况、出勤情况和工作状态，包括工作计划完成情况、手持终端电量、工作人员培训考核情况等。可以支持数据的保存和备份，提供历史的轨迹回放、工作情况的重现和保证工作过程的可追溯性，能够随时调阅历史工作资料，进行各项工作的过程重现、轨迹分析统计等。

1.2.3　隐患警报管理

智慧巡查发现问题后实时上传，智能巡检管理系统配有闪烁与音效提示管理人员进行处理和调度，并且能够图文并茂地展现隐患现场和处理进展，结合地图掌握隐患分布，调整区域巡查力度，能够实时掌握工作重点，以防再次发生隐患（图 1–4）。

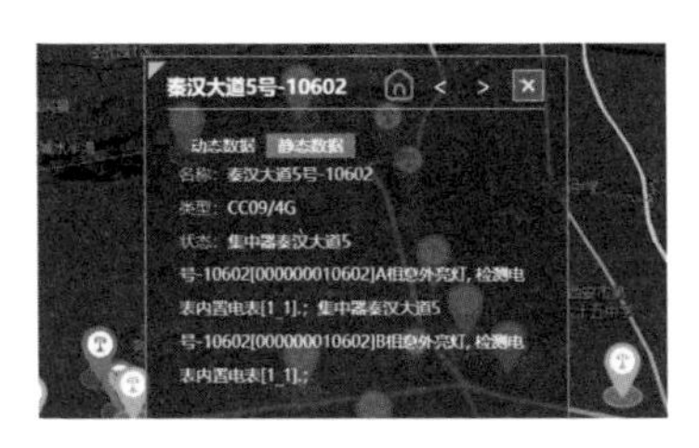

图 1–4　故障上报

1.2.4　移动端手持状态实时跟踪

智能巡检系统不仅可以在 PC 端显示使用，同时还支持移动端，管理人员在手机上就可以看到设备的各个时间点的工作状态、GPS 状态、通信状态、设备电量等（图 1–5）。

图 1–5　移动端 APP

1.2.5 降低运营成本

智能巡查系统的应用颠覆了现有巡查模式，大幅降低了人工成本、节省了物力财力，更提高了效率。

1 实现配电室、综合管廊、道路井盖、智能路灯无人值守、智慧监控。

2 实现系统智能化地调节供电策略，实现城市路灯不同时段不同亮度的智能调节，减少能源损耗，避免能源浪费。

3 能及时发现道路细微病害并通过采取相应的维修策略，延续道路使用寿命，减少道路大修频率，从而降低了运营成本。

4 减少了巡查人员的投入，而且提高了巡查效率。

1.2.6 运维便捷

智能巡查系统采用模块化设计，具备智能化、分布式、互联性的技术特点，可实现当地远程后台控制，大幅提高了设备的运维养护效率。

1.2.7 提高稳定性

智能巡查系统配置安全云表，如果出现突发性设备故障，可通过自身的无线移动网络接口以及无线数据传输终端，实现设备管理的上云，确保数据的安全性和稳定性。

1.2.8 实现数据可靠传输

利用无线局域网、广域网等通信网络组成“网络连接层”，将智慧城市的单元数据无损按序地交付给智慧运管平台接收端。

1.3 系统框架建立

城市智慧运管系统是一种基于对城市公用设施运维管理及应急处突等综合性管理平台。平台系统主体包括以下模块（图 1-6）：资源层，为整个平台提供一整套的基础设施；数据层，主要负责预处理数据以及分析结果的存储和管理；应用支撑层，将现有各种业务功能进行整合；业务层，将智慧化的管理方式和技术方案融入巡查养护施工中，具体对事件数据的采集、事件数据的输送、事件数据的分析、运管指令的发布以及处理执行任务等内容均智慧化管控；表现层，为运管平台业务具体使用的入口，包括网页版的业务系统、手机端APP、GIS大屏展示等。

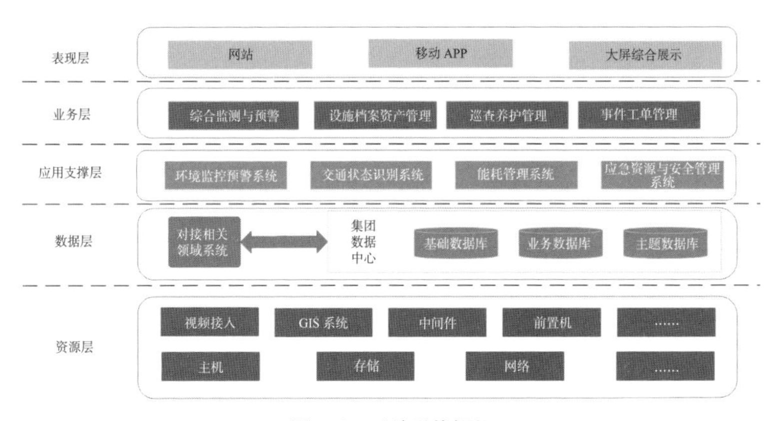

图1-6　系统总体框架

1.3.1　资源层

资源层包括支撑软件及相关的基础设施，如车载硬件设备、GIS系统、应用服务器、存储服务器、网络、Web服务等。在此基础上，资源层为整个系统提供一整套的基础设施诸如计算服务、存储服务（文件，对象存储等）、网络服务以及其他物理资源（服务器、存储设备、交换机等）（图1-7）。通过资源层调度、管理和监控物理资源，保证基础设施高效运行，并通过负载管理、数据管理、资源部署、安全管理等功能为应用与数据保驾护航。

图 1-7　云储存服务器

1.3.2　数据层

城市智慧运管系统框架的数据层是一个集成运维管理所有相关数据的中央数据库，即 BIM 数据库，主要包括 BIM 三维竣工模型、市政道路结构信息、市政配套设施信息、市政道路构件信息和设备参数等；数据库中存储内容为运维管养阶段累积的动态数据，主要包括监测安全数据、监控视频数据以及设备运行状态信息等。BIM 数据库充当了存储和交互平台的角色，它使项目各阶段、不同参与者都能够随时随地从数据库中调取所需信息。分析可知，项目往往参与方众多，信息量大且来源广、形式复杂。因此，数据层的关键作用就是实现运维管养中各种信息数据的存储、交换和共享。

数据层主要分为数据采集、整合及存储子系统和数据交换、共享服务子系统和数据可视化分析系统（图 1–8）。

1 数据采集、整合及存储子系统主要包括人员信息数据采集、基础设施使用情况数据采集、运营管理平台各软件系统运行信息资源采集等模块。

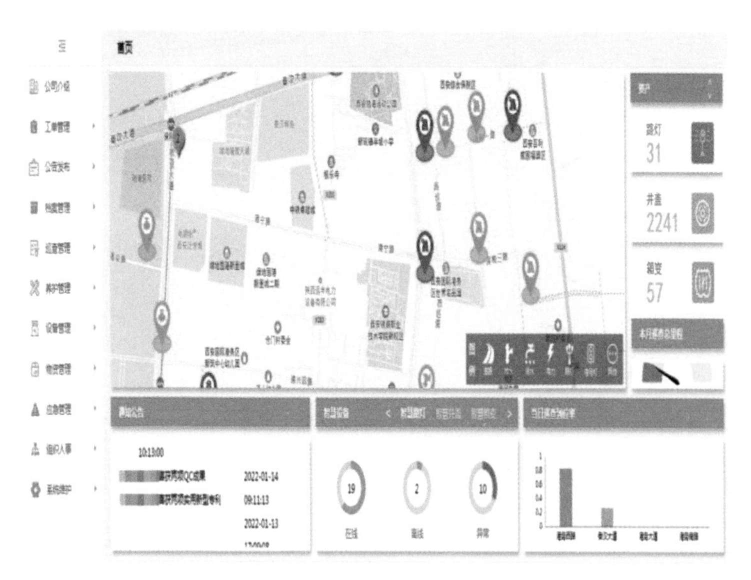

图 1-8　数据归档及分析

2 数据交换、共享服务子系统是提供用户接入端软件部署在每个应用系统的前置机上，实现数据交换平台和各信息系统的有机结合，在用户接入端实现数据的自动提取与转换，同时支持手工录入与数据审核。

3 数据可视化分析系统可自动进行数据处理、数据建模、数据分析、数据填报、工作流审批等核心功能，从数据源接入，到数据采集、处理，再到数据分析和挖掘，打通数据生命周期的各个环节，实现数据填报、处理、分析一体化，提供一站式数据服务。

1.3.3　应用支撑层

应用支撑层主要分为环境监控与预警系统、交通状态识别系统、能耗管理系统和应急资源与安全管理系统。

1 环境监控与预警系统利用先进的传感器技术自动采集和远程监测路灯、井盖、箱变、信号灯等智慧设施的各种环境数据，对异常设备进行报警，并建立信息库以便于持续跟踪和分析，从而实现资产设施自动综合监测与监管协同。

2 交通状态识别系统主要利用视频监控对车辆、道路和隧道等信息进行采集和处理，基于智慧运管平台，展现道路桥隧等实时使用情况，实现交通状态的立体化、精细化、自动化识别。

3 能耗管理系统通过对能源供应情况和能耗状态的实时采集和分析，为能源控制、能耗管理、低碳节能策略制定提供数据和决策支撑，辅助提升可再生能源使用率、清洁能源使用比例以及基础设施节能率，助力实现低碳目标。

4 应急资源与安全管理系统对应急资源进行管理，并建立应急预案机制，针对突发事件可以第一时间响应（图 1–9）。

应急资源维护　　首页 > 应急管理 > 应急资源维护

应急点名称　　应急物资　　查询　添加　删除

序号	□	资源类型	资源名称	描述信息	经度	纬度
1	□	应急点	陕建华山路桥集团港务区指挥部	防护用品、消防用品、五金...	109.041039	34.41534
2	□	派出所	新合派出所	新合派出所 新合镇西韩路-...	109.105316	34.414371
3	□	应急点	西安综合保税区	彩条布、潜水泵、编织袋、...	109.07633	34.398224
4	□	防汛点	防汛点5 旧灞耿路南郑十字东侧	经度109.078451 纬度34.4...	109.078451	34.431348
5	□	指挥部	陕建华山路桥集团港务区指挥部	陕建华山路桥集团港务区指...	109.041149	34.41635
6	□	防汛点	汛点9 迎宾大道陆港绿城全运	经度109.019029 纬度34.3...	109.019029	34.389761
7	□	防汛点	点2 秦汉大道东段陆港假日酒店	经度109.071415 纬度34.3...	109.071415	34.399414
8	□	防汛点	汛点11 港务西路与广场南路交	经度109.040704 纬度34.3...	109.040704	34.367491
9	□	管委会	西安国际港务区管理委员会	西安市国际港务区港务大道...	109.06585	34.36725
10	□	防汛点	36 旧灞耿路七十七中铁路北环	经度109.049886 纬度34.4...	109.049886	34.414469

图 1–9　应急资源管理

应用支撑层能将现有各种业务能力进行整合，具体可以归类为应用服务器、业务能力接入、业务引擎、业务开放平台。根据业务功效需要测算基础服务能力，调用数据层中数据服务和资源层基础设施服务，提供业务指挥中心服务，实时监控平台的各种资源。

1.3.4 业务层

在应用支撑层的基础上，形成具体业务功能。目前平台业务功能包括：

1 物联网设备综合监测与预警：对项目内的智慧路灯、智慧井盖、智慧箱变等资产设施进行在线监测，对异常设备进行报警。

2 设施档案资产管理：并对园区内设施设备的增加、折损进行数字化全寿命跟踪，评估资产价值，实现电子档案管理（图 1–10）。

箱变信息调整

箱变名称 编号 查询 抽取数据

序号	箱变名称	编号	经度	纬度	状态	地址	容量
1	保税1#箱变	1000784	109.082578	34.387212	在线	综保区内W3路	800KVA
2	铁职院亮化箱变	1000792	109.069401	34.383925	在线	职院东南角绿化带	630KVA
3	港务大道2#亮化箱变	1000828	109.07086	34.3818	在线	与灞흥路东北角	500KVA
4	纺渭路4#路灯箱变	1000844	109.074862	34.435963	在线	范大道与纺渭路丁字	315KVA
5	港务大道1#亮化箱变	1000827	109.066054	34.359914	在线	公路港门前	315KVA
6	杏园500KVA	1000837	109.021822	34.36574	在线	园北出口十字东南	500KVA
7	传化公路港临电	1000797	109.085703	34.365524	在线	号南路与西禹高速	800KVA
8	迎宾大道2#路灯箱变	1000824	109.01804	34.387412	在线	大道高铁以南中间	160KVA
9	综保东区4#路灯箱变	1000821	109.089946	34.384995	在线	税四路下穿通道附	315KVA
10	秦汉大道2号箱变	1000825	109.034597	34.39422	在线	与杏渭路十字	160KVA
11	秦汉和苑2#临电	1000838	109.056891	34.396781	在线	汉和苑项目院内东	800KVA
12	纺渭路1#路灯箱变	1000841	109.082393	34.404879	在线	渭路与亚洲道丁字	315KVA
13	纺渭路3#路灯箱变	1000843	109.077179	34.427822	在线	路与灞耿路十字西	315KVA
14	港务西路1#路灯箱变	1000816	109.040697	34.367583	在线	广场南路十字绿化	160KVA
15	港务西路2#亮化箱变	1000831	109.042489	34.383829	在线	灞흥路十字西侧绿	500KVA
16	秦汉大道6#路灯箱变	1000813	109.085784	34.400932	在线	秦汉大道东段路北	160KVA
17	电子商务创业园临电	1000791	109.077437	34.400649	在线	大道保税广场前绿	500KVA
18	秦汉大道3号箱变	1000826	109.045262	34.395424	在线	与港务西路十字	160KVA

图 1–10 数据归档及分析

3 巡查养护管理：利用电子地图，建立虚拟坐标点位，用于标记巡查到位情况，生成巡查到位率指标。巡查过程中，发现问题可进行事件上报。此外，通过巡查车上加装的摄像头实时获取现场情况，并记录车辆轨迹，实现轨迹回溯。

4 事件工单管理：对上报的各类事件自动生成事件工作流，详细记录工作流中各环节情况，且只有事件完成后才能归档，可实现闭环管理。同时，根据业务需要，可将已归档的事件导出成报表，实现无纸化办公。

1.3.5 表现层

表现层为运管平台业务具体使用的入口，主要包括网页版的业务系统、手机 APP、GIS 大屏展示（图 1–11）。

其中，业务系统可完成事件工单上报、处理、查询工作，设施档案资产管理工作，巡查养护管理工作；手机 APP 可完成事件工单管理工作；GIS 大屏展示可完成物联网设备综合监测与预警、巡查养护管理工作，应急资源管理工作，在地图上直观展示各类事件及相关统计，方便指挥调度。

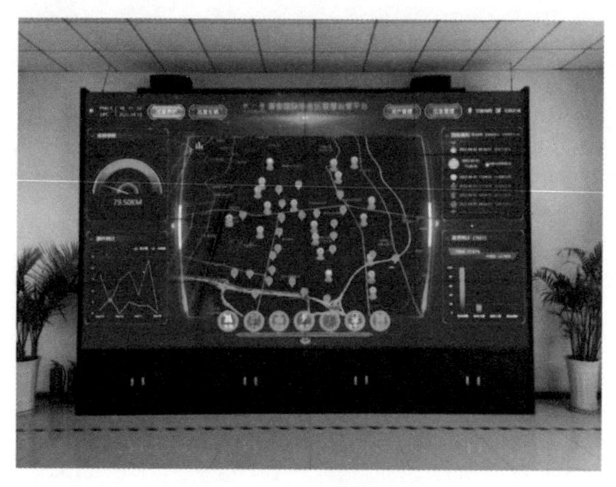

图 1–11　GIS 展示大屏

1.4 硬件安装调试

平台系统搭建完成后，根据实际需求安装相关硬件设备，如：车辆管理需安装 GPS 定位与车载网络视频服务器，方可实现实时监控与定位；通过安装电气自动控制模块来实现照明、亮化、箱变等供电设施远程管控。所需硬件安装完成后，与平台系统通过有线连接或无线信号传输进行调试（图 1–12）。

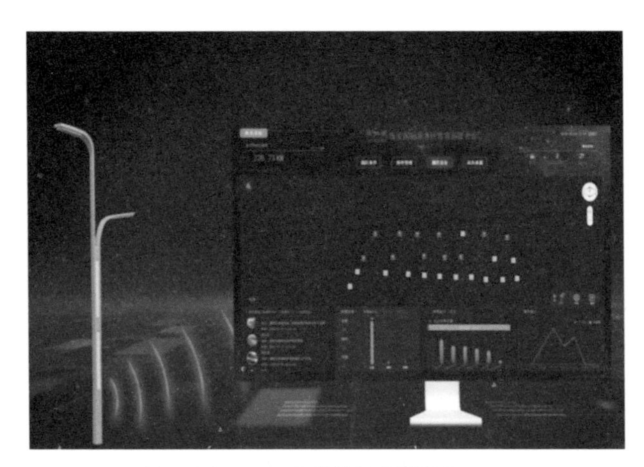

图 1–12　智能模块应用调试

第2章 数据采集

智慧运管平台利用人工智能、互联网、物联网、云计算、大数据、GPS定位技术、5G等前沿技术，并结合多种监测手段，为设施数据采集与巡检维护提供强有力的科技保障。

数据采集通过人工智能巡查（手机端巡查APP、手持单兵记录仪）、车载智慧巡查系统、监控探头、各类传感设备、智能机器人等设备对市政设施进行实时监测，并将采集信息上传智慧运管平台（图2–1），平台自动统计设施的位置、状态和参数信息，完成分析和评估，并生成各类统计分析报表（图2–2）。

图2–1 数据采集

<table>
<tr><td rowspan="6">日常养护</td><td>工单编号</td><td colspan="3">2022-08-14-01</td></tr>
<tr><td>具体位置</td><td colspan="3">秦汉大道西航花园公交站向东 43m 北侧主道</td></tr>
<tr><td>事件类型</td><td>道路工程</td><td>损坏设施名称</td><td>路面下沉，破损</td></tr>
<tr><td>工程量预估</td><td>10m × 2m × 0.08m，15m × 2m</td><td>维修意见</td><td></td></tr>
<tr><td>巡查人员</td><td>× × ×</td><td>巡查时间</td><td>2022-08-14 08：02：36</td></tr>
<tr><td colspan="4"></td></tr>
<tr><td>业主审批</td><td>对于坑洞进行修复</td><td colspan="2">× × ×</td><td>2022-08-14 10：25：56</td></tr>
<tr><td>项目经理</td><td>同意办理</td><td colspan="2">× × ×</td><td>2022-08-14 11：55：31</td></tr>
<tr><td>生产经理</td><td></td><td colspan="2">× × ×</td><td>2022-08-15 07：47：43</td></tr>
<tr><td rowspan="8">维修</td><td>维修班组</td><td colspan="3">道路养护组</td></tr>
<tr><td></td><td colspan="2">× × ×</td><td>2022-08-19 08：43：12</td></tr>
<tr><td>工况</td><td colspan="3">白天</td></tr>
<tr><td>人工</td><td colspan="3"></td></tr>
<tr><td>材料</td><td colspan="3"></td></tr>
<tr><td>机械</td><td colspan="3"></td></tr>
<tr><td>其他</td><td colspan="3">2022-08-14-01 秦汉大道西航花园公交站向东 43m 北侧主道路面下沉、破损修复：1. 铣刨 10cm 厚原沥青混凝土面层：$2.2 \times 7.5=16.5m^2$；2.10cm 厚细粒式沥青混凝土面层摊铺、碾压：$2.2 \times 7.5=16.5m^2$；3. 垃圾清运：$16.5 \times 0.1 \times 1.41=2.33m^3$</td></tr>
<tr><td colspan="4"></td></tr>
</table>

图 2-2 分析报表

2.1 道路工程

市政道路设施数据采集主要利用手机端巡查 APP、手持单兵记录仪、车载智慧巡查系统、监控摄像头等手段进行全方位巡查。

1 人工智能巡查通过步行、骑车的方式对市政道路设施进行巡查，对巡查过程中发现的病害问题通过手机端 APP 上传至智慧运管平台。

2 单兵记录仪通过 5G 无线通信方式传输高清视频、支持 GPS+ 北斗·双模定位、支持红外夜视功能，集录像、录音、拍照、定位等功能为一体的便携式设备。单兵记录仪在步行巡查中可准确定位事件发生位置，通过录像、录音和拍照功能，完整记录事件发生情况，并实时传输数据至智慧运管平台。

3 车载智慧巡查系统是与车辆相结合的一种新型的智能分析上报系统。车辆顶部安装有专用的全景摄像头，可在各种天气情况下进行精准拍摄，并将视频流实时传输至智慧运管平台（图 2-3）。

1）车载智慧巡查系统拥有实时传输功能，可实时传输视频画面、预警信息，并与智慧运管平台无缝对接，一旦发现问题及时自动生成事件。可进行事件分布、路线轨迹实时展示，动态生成问题展示图，问题分析图等多种类图表。车载智慧管理巡查系统还具备迭代“学习”

图 2-3　车载摄像头

功能，就是在不断“积累经验”后，进一步提升性能。

2）车载智慧巡查可以通过不断的 AI 进阶学习，对设施管理中的事件做到精准识别，快速上报。类似于井盖丢失、道路破损等影响群众出行安全的问题可做到及时发现、及时上报、快速处置;具有发现快、识别准、上报及时、处置快速的特点。同时，还可以根据实际需求对事件问题做到个性化补充上报，添加相应问题类别到专项巡查，使得设施管理监控从被动响应到主动防范，将设施管理问题“一网打尽”。

2.2　桥梁工程

桥梁智慧管养系统主要包括桥梁档案信息管理、桥梁日常巡查维护管理、桥梁动态监控、桥梁技术状况评估等，实现“一桥一档”，是评估桥梁技术状况的重要依据。

桥梁设施数据采集通过在桥梁重要位置安装加速度计、位移传感器、测斜仪、动态称重等设备，及时反馈桥梁运行状态。除结构监测外，还可加载过桥车辆分析功能，监测过桥重车，并为重车过桥规划合理路线。智慧支座，压力传感器、位移传感器及无线信号发射器等设备将采集到的数据通过使用无线信号发射器进行传输。智慧桥梁支座能够对桥梁支座的受力、位移情况进行实时监测和传输（表 2-1），便于及时掌握桥梁支座使用状况，同时分析桥梁整体运行情况，并采取相应措施，从而使桥梁获得更长的使用寿命。

监测项目与相应传感器　　表 2-1

监测项	传感器	测点布设
挠度监测	压力式变形测量传感器	桥墩、桥台、梁体、拱圈等
倾斜监测	盒式固定测斜仪	桥墩、桥台、梁体、拱圈等
应力监测	表面式应变计	梁身、桥台、桥墩等
振动监测	磁电式传感器	桥墩、桥台、桥身、支座等
裂缝监测	裂缝计	最大缝宽处
温湿度	温湿度传感计	桥面、桥底、梁体
风速风向	风速风向仪	桥面、跨中

桥梁数据采集可通过人工手机智能巡查 APP、单兵记录仪对桥梁上下部结构、桥梁附属设施进行巡查，将巡查问题实时上传至智慧运管平台。

2.3 隧道工程

隧道工程主要通过隧道智能化监控系统、车载智慧系统进行数据采集，以人工智能巡查 APP、单兵记录仪进行隧道附属设施定期巡查，将运营情况实时传至运管平台（图 2-4）。

隧道智能化监控系统主要包括：隧道内实时视频监控（车流量、流速检测）、变配电参数检测、火灾自动报警、照明、通风、紧急电话、环境监测、交通控制等子系统。其中隧道网络视频监控系统的建立可实时监控隧道内交通流量和交通运行情况，对关键路段实施交通管控，及时发现各种异常情况并采取应急措施，以确保隧道高速、安全、舒适、经济的运营。

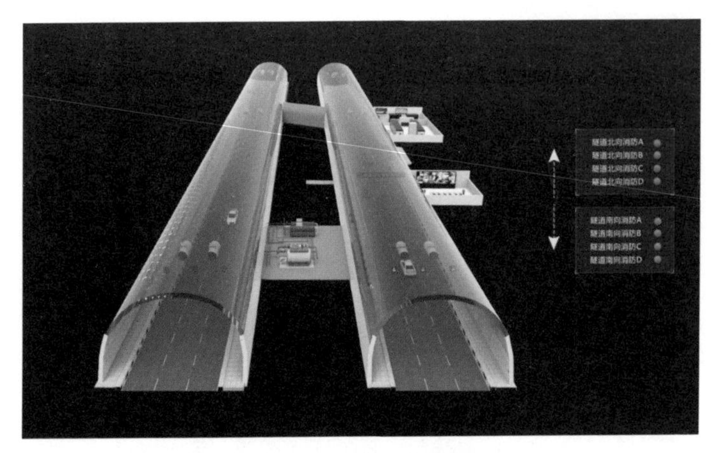

图 2-4 隧道运维系统

2.4 管网工程

智慧管网是以精确探测、定位地下管线为基础，实时监测感知管线破损等故障，构建地下管线全寿命周期管理的综合信息平台系统，从而及时预警、处置地下管线的异常，确保人民生命财产安全。其对象是从进入城市到服务民生的所有地下管线,其主脉络与城市路网（地上、地下）相随，智慧化的内容包含精确探测、地下标识、综合感知、应急联动的综合管理系统。

2.4.1 给水排水管网

在已建设和规划建设的雨水、污水管网，通过在前端部署各类传感器（如液位计、流量计、水质仪、雨量计、水压监控、智慧井盖等）采集相关数据，实现排水管网的智能全感知，采用移动通信、移动 GIS、工作流、数据挖掘等技术，结合手持智能终端设备，对管网及相关设备进行智能巡查，记录巡查信息，通过大数据技术，分析筛选出预警点进行高亮展示，辅助调度决策，实现巡查工作隐患通报及数字化管理（图 2-5），保证管网安全稳定运行。

系统硬件以微处理芯片作为控制核心，外围电路集成了温湿度传感器、超声波传感器、可燃气体传感器、姿态传感器、GPS 定位模块以及 NB-IoT 井盖终端（图 2-6）。

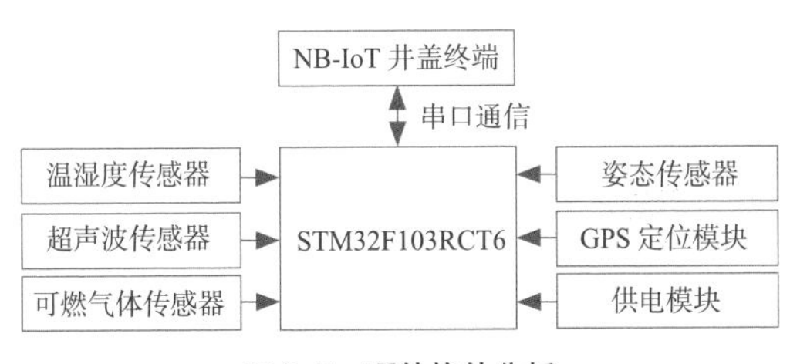

图 2-5 硬件构件分析

图 2-6 NB-IoT 井盖终端块

1）温湿度监测模块

数字温湿度传感器是一款含有已校准数字信号输出的温湿度复合传感器。它使用专用的数字模块采集技术和温湿度传感技术，具有极高的可靠性与卓越的长期稳定性。根据不同工作环境和位置的井盖，可以设置相应的警戒值，当超过警戒值时通过通信模块将当前工作环境的温湿度报警信息传送到监测平台。

2）水位监测模块

使用超声波 HC-SR04 模块监测水位，其测量范围为 2 ~ 400cm，精度可达 3mm，HC-SR04 连接在 STM32 的通用 I/O 接口，触发超声波 TRIG 引脚给出一个超过 10μs 的高电平信号超声波模块发出的矩形波遇到障碍物后发生反射使得 ECHO 电平升高，其产生的矩形波宽度即为超声波往返时间，根据超声波往返时间可计算出水位与井盖的距离。当出现暴雨水位超过警戒值时可实时向监测平台报警（图 2-7）。

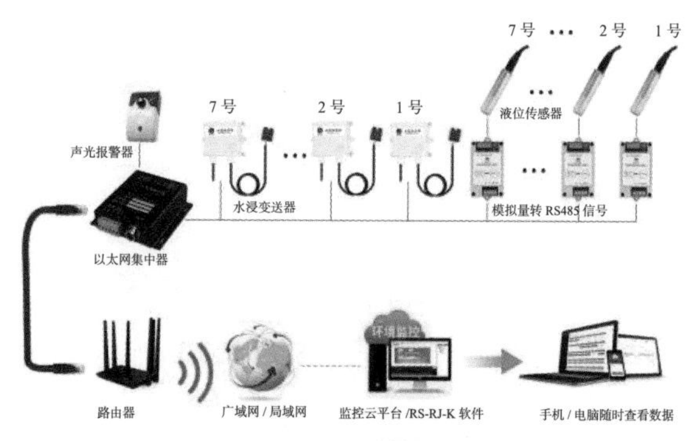

图 2-7　水位监测模块

3）井盖姿态监测模块

利用 MPU6050 陀螺仪模块监测井盖角度变化，从而判断井盖是否松动或开启。MPU6050 具有角加速度和加速度检测功能，STM32 采用 I2C 通信方式与其连接。监测节点安装时将 MPU6050 水平贴附于井盖底部，节点通过监测角度的变化判断井盖是否松动或开启。

4）GPS 定位模块

GPS 模块定位精度高，可通过通信模块实时将井盖的经纬度信息发送到远程监测系统管理平台。系统管理员可以对井盖位置及类型进行归类整理，基于电子地图对当前井盖位置状态进行监测，实时在地图显示井盖位置和轨迹，实现越界报警。

5）NB-IoT 通信模块及网络

NB-IoT 是工业和信息化部大力推广的物联网新技术。NB-IoT 可直接复用于现有移动蜂窝网络，占用带宽 180kHz，有效降低了部署成本，同时还具有更强的网络覆盖能力和连接能力、更低的功耗和模块成本，适合智能井盖监测系统的应用。监测节点选用的 NB-IoT 通信模块为移远通信 NB-IoT BC95 模组，通过串口与 STM32 通信，微处理器利用 AT 命令实现模块的数据交互，波特率设置为 9600bit/s。NB-IoT 通信模块安装在井盖底部，用于将微处理器监测到的井盖数据实时发送到监测平台。

2.4.2　管廊、电力管沟

1 管廊、电力管沟智慧运管，是在智能化联动业务基础上，应用大数据、云计算、人工智能等技术，通过历史数据分析挖掘、人工智能模型计算等方法，实现智能分析控制、应急辅助决策、主动式维修保养等智慧化管理的业务功能。通过集成整合环境探测和控制、安防监控、应急防灾、通信传输、移动终端、人员定位面部识别等系统构建全方位的管廊传感网。

2 管廊、电力管沟巡查系统基础设备设施搭载红外热成像仪、环境探测仪、高清摄像图、工业微计算器。集成了 360° 全景摄像地图导航，图像识别、紧急避让、动态避障及环境监测。能全方位无死角监测综合管廊电力沟道等地下通道，能 24h 不间断对管廊巡查，对管廊内的温度、湿度、氧气浓度以及有毒气体监测，对电缆的表面温度进行监测，对廊内的消防设施、安防设施、排水排风设施巡查（图 2–8、图 2–9），自动分析出异常的问题发至智慧运管平台，平台对相应的问题发出相应的指令。

图 2–8　轨道式巡查机器人

图 2-9 履带式巡查机器人

2.5 亮化设施

2.5.1 智慧箱变

1 箱变综合智能在线监控系统以低压网中的箱变环境温湿度、烟雾及防盗为监测对象，通过安装配电房一体化监控装置，采集箱变内各种传感器的数据、状态信息，对箱体内湿度、温度进行控制（温度超过 35℃，自动启动空调降温）和烟雾报警，还可实现图像远程监控。

2 箱变综合智能在线监控系统包括安装在每个箱体内且用于检测箱体内部环境的传感器、温度控制器、水分控制器等，各模块信号输出端均连接到总控制器上，控制器连接着界面显示屏和无线数据收发模块（图 2–10），通过有线或无线的方式与监控后台通信连接。

图 2-10 智能电力监控装置

3 供配电系统运行参数和装置运行状态实时监测数据采集分析与管理，精确记录用电情况并进行趋势线分析；针对重要反馈线 / 变压器 / 发电机等的保护监测，图形化展示运行状态、负荷曲线和异常状况报警，实现数据共享与联动控制（图 2-11）。

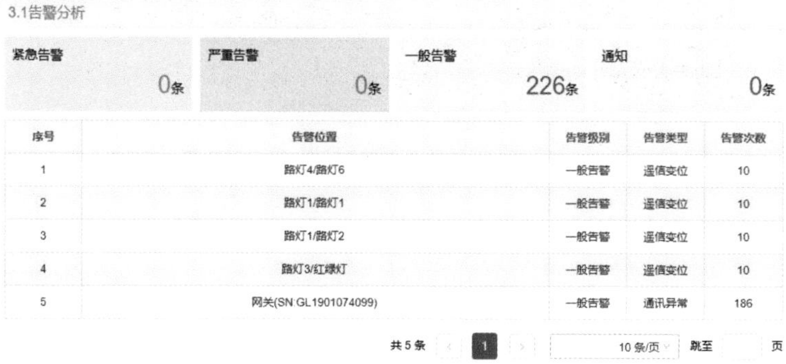

3.1告警分析

紧急告警 0条　严重告警 0条　一般告警 226条　通知 0条

序号	告警位置	告警级别	告警类型	告警次数
1	路灯4/路灯6	一般告警	遥信变位	10
2	路灯1/路灯1	一般告警	遥信变位	10
3	路灯1/路灯2	一般告警	遥信变位	10
4	路灯3/红绿灯	一般告警	遥信变位	10
5	网关(SN:GL1901074099)	一般告警	通讯异常	186

共 5 条　1　10 条/页　跳至　页

图 2-11　箱变数据监测

4 在箱变内安装综合状态感知设备。综合状态感知设备由传感器和采集器构成，各采集器通过就地物联网通信网络与边缘计算网关通信。网关汇总各状态采集器数据后，完成就地存储、统计分析计算功能，并将实时运行数据和计算结果通过 NB-IoT 网络和物联网数据采集平台实现数据通信。物联网数据采集基于云物联网平台实现。运检人员基于桌面电脑和移动终端通过互联网访问平台信息。平台告警和异常信息也会及时通过短信或移动应用 APP 方式报送给管理人员（图 2-12）。

相比于传统箱变自动化系统，除了就地运行状态监测外，还需要增加远程数据传输及地理位置信息获取功能，将就地运行状态信息快速、准确地传送出去。为了便于远程监测和历史数据查看，需要具备远程监测终端，为监测人员提供运行信息。

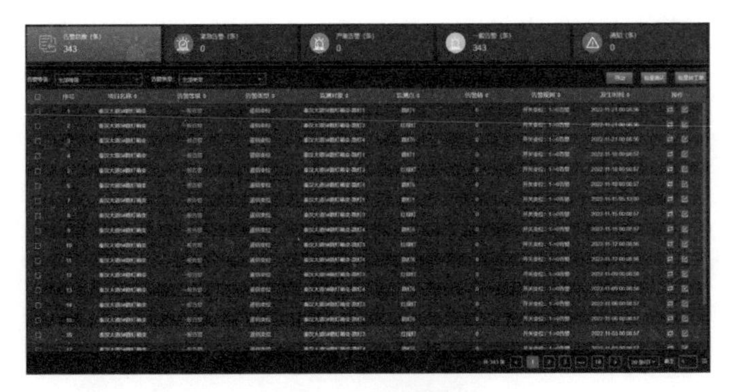

图 2-12　故障信息报送

2.5.2　智慧路灯

智慧路灯系统整体分为两大部分：智慧路灯终端和智慧路灯管理云平台。其中智慧路灯终端由主控核心板模块、通信模块、无线 IP 模块、电源模块、LED 控制模块、电压电流检测及报警模块、前端传感器（图 2-13）等部分组成；智慧路灯管理云平台由设备管理平台和业务平台这两大部分组成。其中设备管理平台包括设备接入、设备状态查询、命令收发、运行与命令日志查询、历史数据存储与查询等功能；业务平台包括设备监控、人员管理、工单业务管理、基础管理、报表管理、系统管理、大屏展示等功能。

图 2-13　前端传感器

1 智慧路灯系统可以根据实际需要，通过云平台实现按需照明，采用降低照明亮度、单侧亮灯，甚至采用隔一亮一等自由组合的新型控制方式，改变传统路灯杆的运行和管理模式，从而达到节能降耗的目的。

2 智慧路灯系统通过云平台进行远程管理，云平台的设备监控功能和终端的自动保障功能可以对路灯实现智能监控。终端采集的温湿度、大气数据、图像数据、Wi-Fi 流量热力图也可以通过云平台一并进行展示。在发生故障时能够及时地上报故障信息，通过平台的大屏功能也能全面真实地监测和展示亮灯率、故障灯率等重要数据（图 2–14）。

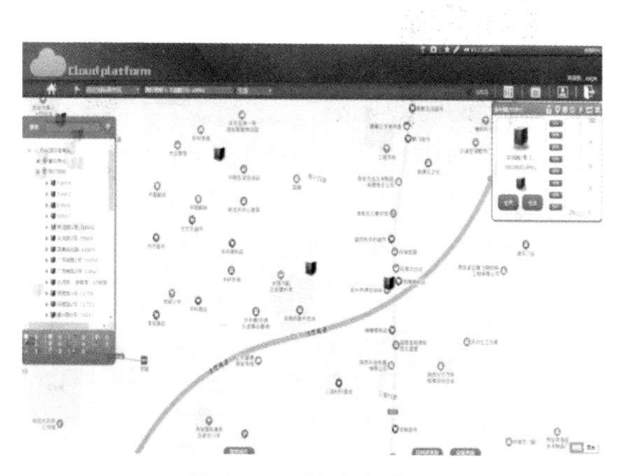

图 2–14 路灯数据监测

3 云平台的工单业务管理系统也改变了传统的人工巡查模式，发生故障或报警时平台会将报警或者故障信息以短信方式发送到运维人员或者管理员处，并根据设定自动生成工单，大大减轻运维人员的劳动强度，有效降低了运维成本，从而实现对城市路灯的规划设计、工程建设、日常巡查、维修管理等工作的精细化、规范化、网络化。

4 应用先进、高效的电力线载波通信技术实现对路灯的远程集中控制与管理。智慧路灯是指通过应用电力线载波通信技术和无 GPRS/CDMA 通信技术等，实现对路灯的远程集中控制与管理的路灯，智慧路灯具有根据车流量自动调节亮度、远程照明控制、故障主动报警、灯具线缆防盗、远程抄表等功能（图 2–15），能够大幅节省电力资源，提升公共照明管理水平，节省维护成本。

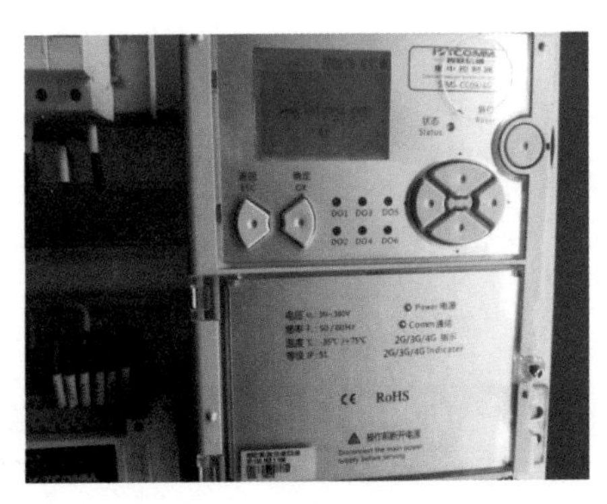

图 2–15 智慧路灯硬件设施

更换安装智慧路灯控制系统使路灯具备单灯控制功能，可通过城市照明远程控制中心设置定时策略，实现自动开关灯，前半夜全功率亮灯，后半夜降功率运行，将价值使用与资源节约完美结合。智能化路灯控制系统的安装，可逐步减少人工巡查成本及维修时限，同时，借助智能化控制，实现“互联网 +”智能照明新发展，让路灯管理信息化，实现智慧城市发展，更加方便居民生活。

2.5.3 智慧灯杆

智慧灯杆是集照明、信号灯、监控、智能电子显示屏、气体检测仪、充电、Wi-Fi、广播等诸多感知器，并依托强大的智慧运管平台，实现了集多种功能为一体的新型智慧型产物，其主要功能有：

1 PM2.5、温湿度、风速、CO_2 检测；

2 信息发布：文字、图片、视频远程发布；

3 智能充电（新能源汽车充电运营管理、手机无线充电）：扫码支付充电、充电状态提示；

4 报警：一键报警、双向对讲、远程求助；

5 智慧多功能监控：实时监控、云台控制、预留点、巡航、回放、报警；

6 智慧广播：单点、多点、联动广播；

7 Wi-Fi：APP 认证、网址导航、上网限速。

通过智慧系统检测分析空气中 PM2.5、温湿度、CO_2 含量，如检测到参数超标，则通过智慧灯杆增设降尘喷雾系统，起到降尘、降温、降低有害气体浓度等作用。

2.6　交通工程

信号灯、监控等设施数据采集方式主要有：车载智慧巡查系统、人工智能巡查系统、故障监测系统、视频监控系统。

1 车载智慧巡查系统和人工智能巡查系统通过无线通信传输将巡查问题实时上传至智慧运管平台。

2 故障监测系统：该系统主要通过前端数据监测模块实时检查设备运行情况，通过无线通信的方式将监测到的信息传输至智慧运管平台。信号灯、监控设施发生故障问题时，故障监测系统根据前端数据监测模块将监测到的设备运行情况、设备故障信息，传输至智慧运管平台。

3 视频监控系统：该采集方式主要是通过视频采集部分（前置摄像头）将设备运行、完好状况以视频、拍照的方式通过视频传输部分（光纤）实时传输至智慧运管平台（图 2-16）。系统利用计算机视觉和图像处理等技术，对视频图像进行处理、分析和解读，并对视频监控系统进行智能控制，监控系统可以智能识别不同的物体，发现监控画面中的异常情况，以最快捷的方式发出警报并提供有效的信息，帮助监控人员获取准确的信息与处理突发事件，过滤掉无关信息，为监控人员提供有效的关键信息，进而提高视频监控系统智能化与自动化水平，有效解决传统视频监控系统的数据量巨大、响应时间长及人员视觉疲劳造成的监控效率低、反应慢与繁重的工作量等问题。

图 2-16　视频监控系统

信号灯、监控设施因现场发生交通事故、人为损坏设备时，视频监控系统通过前置摄像头将视频和照片传输至智慧运管平台。设备供电系统停电、故障监测系统故障、视频监控系统故障致使数据（报警信号、视频、照片）无法传送时，可以通过车载智慧巡查系统或人工智能巡查系统将现场故障情况传输至智慧运管平台。

前端设备与智慧运管平台实时通信，将设备的运行参数以及显示器运行情况实时反馈至运管平台，及时发现运行故障，接受平台统一调度指令，完成设备运营管理。

1）信号灯故障自动预警上报，智慧调控缓减交通压力（图 2-17）。

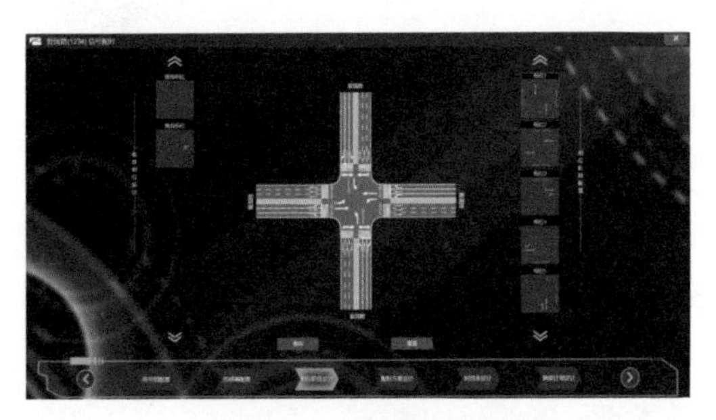

图 2-17　交通信号灯系统

2）自动调整信号灯配时参数，全局控制保障安全出行。

3）实时监控交通流量与道路状况。

2.7 绿化环卫

绿化运维养护平台采用先进的设备，主要实现智能监测、对比、红外遥感技术、智能灌溉、技术实时指导、安全实时监测等一系列智能化功能；通过该平台实现对工作的流程化管理、人员考核等数据智能化统计（图2-18）。

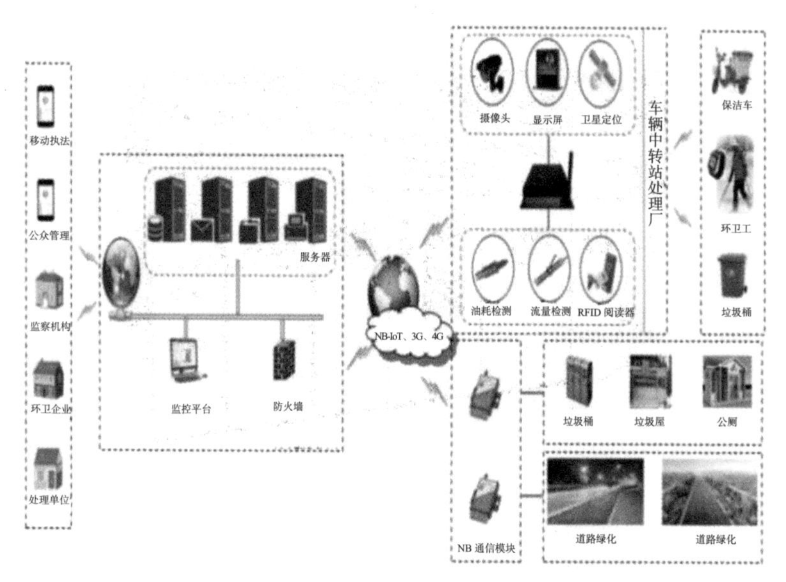

图2-18 绿化运维养护平台架构

1 智能灌溉

系统集传感器技术、自动控制技术、计算机技术、无线通信技术等多种高新技术于一体。

1）可以根据植物和土壤种类，光照数量优化用水量，也可以在雨后监控土壤的湿度。

2）实时对收集到的水分数据进行分析并向相关阀发出开/关指

令，实现田间灌溉。子域控制器同时将所有的现场信息（土壤湿度、干 / 湿控制度值、浇水信息、电池信息等），以 LoRa/NB-IoT 通信方式传送给主机并实时显示。

2 垃圾桶管理

根据垃圾站或者垃圾桶的满溢状态监控，平台可以设定手动或者自动向周边在岗环卫工人发送清理工作任务。功能要求包括垃圾桶定位、满溢度监控、异常开盖报警、倾倒报警、清运次数统计、低功耗能源监控，并实现垃圾分类管理（图 2–19）。

图 2–19　智能垃圾分类

1）垃圾桶溢满智能监测终端（图 2–20），安装在垃圾桶顶部，垃圾桶内杂物距离超声波探头以不小于 25cm 为正常状态，当该距离小于 25cm 时，将触发终端报警并将报警信号发送至管理平台，平台对数据进行解析并判断情况，适用于对垃圾桶满溢状态的监测，以达到对垃圾桶的有效管理及状态实时监控。

2）当垃圾桶垃圾超过警戒值，通过 NB-IoT 网络传送至管理平台，后台可以自动对附近工作人员派送工单，或者由后台管理人员手动发送工单信息，从而提高环卫工人工作效率。垃圾桶发生倾倒时，垃圾桶溢满智能监测终端检测到角度发生异常变化，将处罚报警并将报警信号发送至管理平台，后台将自动对附近工作人员派送工单，前去查看异常垃圾桶（图2-21）。

图2-20　智能监测终端

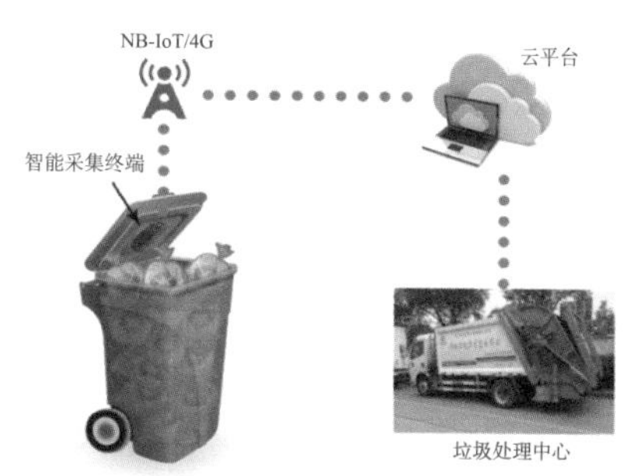

图2-21　智能报警及处置

3 车辆调度管理

车辆调度功能模块允许监控中心发出对指定车辆的调度指令，能够对任何入网车辆的单车、车组、车队进行单呼、组呼、群呼，就近调度车辆在指定时间至指定地点进行工作。该模块主要用于对垃圾作业车辆进行调度，指定车辆的行驶路线。系统提供文字和广播两种方式进行调度，监控中心在电脑上直接可以监控到所有车辆的实时状态，调度中心随时可采取有效措施，利用系统的短信息发布平台对车辆进行合理调度（图2-22）。

图2-22　车辆调度管理

4 车辆作业管理

监控中心可以查询统计每时、每天、每月等某一时段内车辆的使用情况（驾驶时间、停车时间、车辆位置定位、行驶路线查询、行驶油耗等用车信息情况），可打印成管理报表，有效监督驾驶员每天的工作情况和车辆使用情况。这在很大程度上避免了公车私用、违章驾驶、不按规定线路作业等情况的出现，以及盗卖油料等行为的发生。

2.8 泵站设施

数字液位报警系统，采用了微电脑技术，使被测介质通过液位变送器和传感线传送至数字液位显示控制仪，液位显示控制仪通过连续光柱（带刻度）和数字显示出液位变化，直观明了地反映水位的变化值，能够与水泵控制柜或电磁阀控制器相连，实现水泵的自动启停或电磁阀的自动开闭，并在设定的亏水、溢水位发出信号进行外连报警，在停泵、启泵位置发出停启泵信号（图 2-23）。

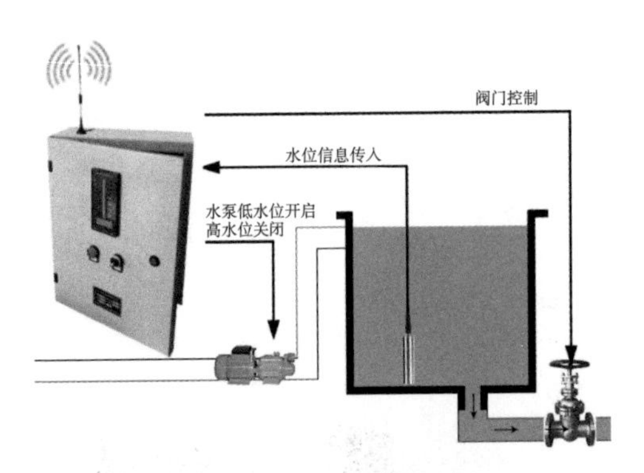

图 2-23 数字液位报警系统

闸门监控系统主要实现对闸门升降、启停远程操控（图 2-24）。同时，闸位、闸门状态等数据以图形或数表形式显示在显示器上。运行时，闸位有不间断的反应，当闸位达到上、下限闸位时，自动停机。

闸门测控仪可以监测瞬时过闸流量和累计过闸流量并将数据上传，在水费预置系统中，还可以记录提闸时间、当时的闸前 / 闸后水位、预置水量、累计用水量和剩余水量，可用于渠道过闸水量的精确计量、详细记录和收费管理。与上位采集软件、收费软件、信息发布软件和信息卡读写器配合使用，可形成功能齐全的灌区用水分配、计量、收费和管理系统。

图 2-24　闸门监控系统

第 3 章　数据分析处理

3.1　道路工程

1 数据分析

入库数据应当是经过初步筛选的数据，应保证数据的完整性、准确性和部分数据的定期更新。主要包括：路面基础数据（路线、路面、路基、道路构筑物、沿线设施）、路面检测数据（路面行驶质量、路面状况指数、回弹弯沉值、抗滑系数、路面综合评价指数）、路面结构、气候条件、交通荷载、养护水平等。

2 数据处理

1）平台根据巡查采集的数据进行分析后，下达维修指令给相应的作业班组，作业班组根据平台维修建议，合理安排维修机械设备、施工作业人员等。维修作业负责人到达现场后确认维修内容、工程量通过手机智能管养 APP 上传平台（图 3–1），并同步确认维修车辆设备、人员信息及维修材料采购数量、材料进场时间等信息。

2）维修过程中将现场信息通过手机智能管养 APP 上传平台，维修完成后将维修过程资料整理上传至智慧运管平台归档（图 3–2）。

图 3–1　设施巡查上报

	×××	2022-09-01 17 : 22 : 33
同意办理	×××	2022-09-01 22 : 02 : 39
同意办理	×××	2022-09-04 11 : 40 : 24
维修班组	道路养护组	
	×××	2022-09-04 19 : 02 : 24
工况	白天	
人工		
材料		
机械		
其他	2022-09-01-07 纺渭路罗百寨十字北侧西主道破损路面修复：1. 铣刨 9cm 厚原沥青混凝土路面：3.16 × 1.03 × 9=29.29cm · m^2；2. 5cm 厚混凝土沥青底层摊铺、碾压：3.16 × 1.03 × 5=16.27cm · m^2；3. 4cm 厚混凝土沥青面层摊铺、碾压：3.16 × 1.03 × 4=13.02cm · m^2；4. 垃圾外运：29.29 × 0.01 × 1.41=0.41m^3	
C7EDE9B6-... (1067KB) 0971A869-6... (1036KB) E1D949D8-... (1033KB) 392E3301-D... (1110KB)		

图 3-2　维修养护归档

3）通过平台定时汇总上报日常道路养护数据，确保养护单位以及上级单位能够随时调用和查看养护数据及相关质量信息，进行各种数据汇总和统计，及时准确地了解养护质量情况，有效地提高了养护质量管理水平。

4）道路智慧养护管理系统通过大数据处理实现对道路养护车辆、财务、人员及作业流程等，实现道路管养工作数字化、标准化、智能化、效率化。

3 管理系统应用

1）从技术手段上改进道路养护监管手段和养护基层单位的养护项目运营水平，对于提高养护质量管理水平起到积极的推动作用。

2）通过对养护班组的财、物、人力资源、作业流程的智能化管理，提升道班的管理和生产水平，促进道路养护投入产出最优化。实现了地级、区（县）级等多级网络统一的分布式数据库管理。

3）通过系统地记录不同地域、季节、路面类型等情况下的实际养护效果，反映基层养护道班的实际养护水平，为监管养护质量，分析病害原因，评价养护投资效益提供了科学依据（图 3-3）。

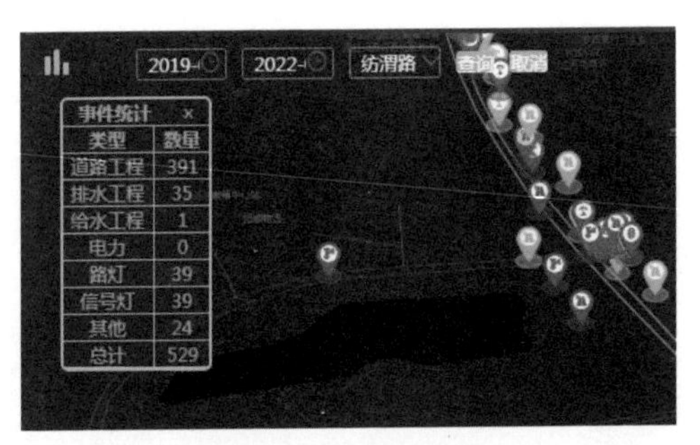

图 3-3 工单统计分析

4）道路智慧养护管理系统是一套建立在专业大数据平台上的生产管理软件，它提供了全面的信息管理功能，信息化管理覆盖整个养护工作项目，确保养护工作的科学性、准确性和公正性，对道路养护质量的提升起到积极的促进作用。

5）道路智慧养护系统采用了最新的网络通信技术、分布式数据库技术、数据压缩技术、手机 APP 系统开发技术，具有技术先进、功能完善、运行效率高、简单易用等特点。

6）通过平台定时汇总上报日常道路养护数据，确保养护站以及上级单位能够随时调用和查看养护数据及相关质量信息，进行各种数据汇总和统计，及时准确地了解养护质量情况，有效地提高了养护质量管理水平。

3.2 桥梁工程

1 数据分析

桥梁设施通过各种传感设备及人工手机智能巡查 APP、单兵记录仪、车载智慧系统对桥梁上下部结构、桥梁附属设施进行巡查，将巡查问题实时上传至智慧运管平台。智慧运管平台根据采集的数据和系统内部设定的规范性的数据，对故障设备、故障位置、故障情况、故障问题进行综合性分析（图 3–4）。

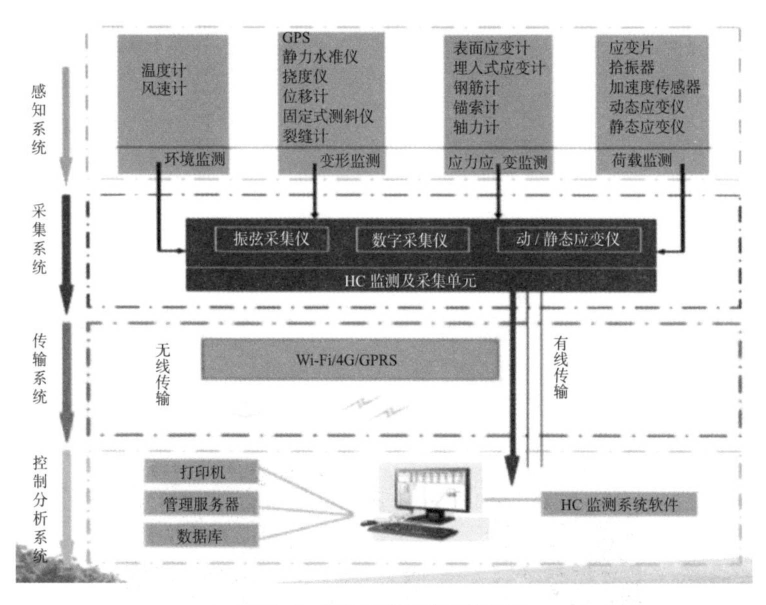

图 3-4 桥梁状态评价决策架构

2 数据处理

智慧运管平台通过系统、科学、综合性的分析，给出故障设施的准确位置和合理化的维修意见，管理人员根据系统分析出来的维修建议和采集上来的视频、图片确定合理的维修方案并将其上传于智慧运管平台，平台管理人员将维修任务分配给具体的维修班组。维修班组接到维修任务后根据制定的维修方案，配备相应的维修人员、维修设备和材料对故障点进行维修，维修完成后维修人员将维修前、维修中、维修后照片通过手机 APP 端口传送至智慧运管平台形成闭环。

1）巡检及维护

桥梁综合管养系统在巡查管理中规范、完善桥梁养护标准，强化系统操作实用性，针对不同桥梁的重点巡查项加以调整，增加自动识别病害、专家远程诊断、养护方案库等功能。从而形成科学、有效、系统性的检测评估，达到桥梁科学养护的要求，为桥梁的管理与养护提供科学依据和决策的数据支撑。

2）GIS 一张图

建立 GIS 可视化的桥梁管理系统（图 3–5），集成管理档案、检测数据、竣工图纸、实景照片等资源全部呈现在一张图上，实现了图形、图像和数据的综合分析和处理，在地图上对桥梁有关静态和动态变化的信息更新成查询，满足智能养护需求，为桥梁养护提供及时有效的基础时空信息服务，提供图形浏览、查询、统计分析、图形输出、图文一体化等应用功能，通过一张图实现可查、可看、可跟踪、可把控的全局智能化管理。为桥梁规划、日常巡检、道路养护、安全监管、业绩考核等业务辅助决策提供科学的支持，提高养护的效率与质量。

图 3–5　GIS 一张图

3）评价与决策

桥梁状态评价与决策是根据桥梁数据库和病害数据库中的数据对桥梁目前的情况进行评分。基于对桥梁的结构缺损状况、荷载承重和桥面交通适应性等方面，考虑交通量等条件变化进行综合评价，通过对桥梁现状评定，以确定桥梁对路网的适应程度，从而为桥梁的维修改造计划提供依据。

4）健康监测

健康监测系统主要监测大桥的环境、荷载、主梁及拱肋关键截面的应变、变形及振动，吊杆的轴力、振动及变形，桥面线形、支座力等，对桥梁结构的内力状态改变及损伤进行评估，以保障桥梁在运营过程的安全，也可以在结构遭受突发性荷载、严重超载、损伤，危及结构安全性时及时报警（图 3-6）。

图 3-6　桥梁状态监测

3.3　隧道工程

1 数据分析

隧道智慧巡查系统的数据、分析处理、数据生成及应用等方面都是通过智慧运管平台完成的，能显示消防栓、灭火器箱、风机、卷帘门、监控、照明、排水等设备的状态信息，直观地通过设备颜色状态判定设备状态（图 3–7）。

图 3–7　后台监控中心

2 数据处理

1）系统检测到前端消防栓水压超出限压值、灯光不亮、通风系统失灵等异常报警信息，则及时在智慧运管平台上告警提示，并将信息通过 APP 软件、微信及短信推送给相应的维修专业管理人员，根据设备故障的重要程度，有针对性地进行维护管理工作。

2）通过隧道智能巡查设备，对隧道内路面异物、隧道内墙壁、顶部渗漏水等异常情况进行检测并预警。同时，基于每日巡查数据，生成统计分析和预警报告，实现隧道病害趋势预测，为制定科学的隧道养护计划、巡查计划提供重要支撑。

3 实时监管

智慧巡检系统投入运行后，后台管理人员可随时通过一台可连接互联网的电脑客户端登录对应网址，通过隧道智能巡检设备，对隧道内路面异物、隧道内墙壁、顶部渗漏水等异常情况进行检测并预警。同时，基于每日巡检数据，生成统计分析和预警报告，实现隧道病害趋势预测，为制定科学的隧道养护计划、巡检计划提供重要支撑。

3.4　管网工程

3.4.1　地下管网

1 数据统计分析

通过雨污水管网前端部署的各类传感器（如液位计、流量计、水质仪、雨量计、水压监控、智慧井盖等）采集相关数据，并将数据实时上传至运管平台，平台根据采集数据信息和系统内部设定的规范性数据，对故障设备、故障位置、故障情况、故障问题进行综合性统计分析。

2 数据处理

智慧运管平台根据专业巡查人员分布状态，向附近巡查人员发布指令，确认现场情况。巡查人员根据故障位置信息迅速到达现场，确认现场情况，并通过手机智能巡查 APP 上传确认信息以及维修所需材料、设备、人员情况等信息上传至运管平台。平台根据反馈信息，将工单下发至维修班组。维修班组根据平台建议安排人员、机具、设备、材料赶赴现场进行维修处理。处理完成后，将处理办法、处理过程完成结果传至管理系统存档。

3.4.2　综合管廊及电力管沟

1 数据分析

综合管廊及电力管沟发生漏水积水、火灾、非法侵入、井盖下料口通风口开启未闭合等情况后，智慧运管平台根据采集上来的数据和系统内部设定的规范性的数据，对故障设备、故障位置、故障情况、故障问题进行综合性分析。

2 数据处理

智慧运管平台根据巡查人员分布状态，向附近巡查人员发布指令，确认现场情况。巡查人员根据故障位置信息迅速到达现场，确认现场情况，并通过手机智能巡查 APP 上传确认信息至运管平台。平台根据现场实际情况及时反馈信息，将工单下发至维修班组，并附有建议处理方法、设备配置、工具配置等信息。维修班组根据平台建议安排人员、机具设备进行维修处理。处理完成后，将处理办法、处理过程完成结果传至管理系统存档（图 3–8）。

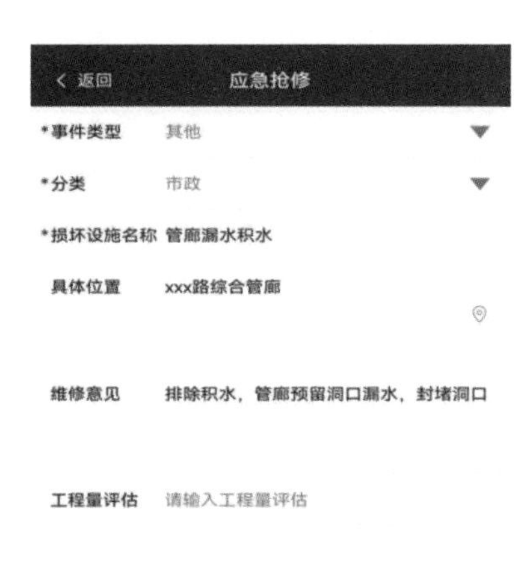

图 3–8　应急抢修处置

3.5　亮化设施

1 数据分析

若亮化设施出现故障，智慧运管平台根据采集上来的数据和系统内部设定的规范性的数据，对故障设备、故障位置、故障情况、故障问题进行综合性分析。

2 数据处理

当智能设备监测到异常时，智慧运管平台自动警示，智慧运管平台管理员下达指令，合理安排巡查人员到场确认。巡查人员根据指令迅速到位，对故障进行初步排查并上传智慧平台，并在平台上给出所需的人员、机械、材料等维修清单方便维修人员第一时间精准维修。

智慧平台将会在第一时间将该事件派发给专业维修班组进行维修，在完成维修后将通过智慧平台对该维修事件进行闭合（图 3–9）。

图 3-9　巡检维修处置平台

3.6　交通工程

1 数据分析

若信号灯、监控设备出现故障，智慧运管平台根据采集上来的数据和系统内部设定的规范性数据（图 3-10、图 3-11），对故障设备（信号灯、监控设备）、故障位置、故障情况（交通事故、人为损坏、自然损坏等）、故障问题（电缆故障、设备元器件故障、杆体损坏、智能化配电柜、设备过载、过压、欠压、过流等）进行综合性分析。

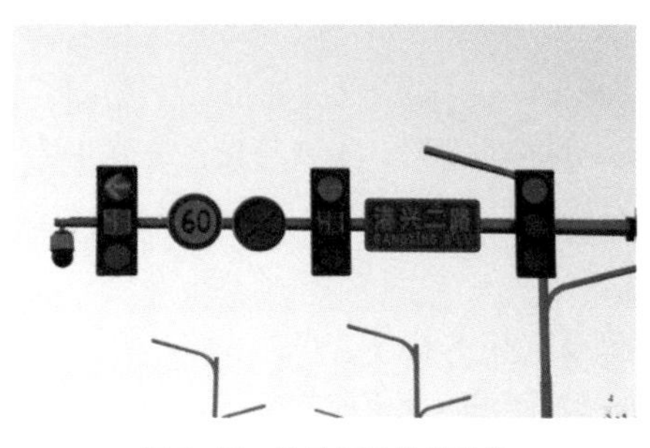

图 3-10　信号灯及监控设备

图 3-11　一体化机柜

2 数据处理

智慧运管平台通过系统、科学、综合性的分析，给出故障设施的准确位置和合理化的维修意见，管理人员根据系统分析出来的维修建议和采集上来的视频、图片确定合理的维修方案并将其上传于智慧运管平台，平台管理人员通过智慧运管平台将维修任务分配给具体的维修班组。维修班组接到维修任务后根据制定的维修方案，安排维修人员、维修设备和材料对故障点进行维修，维修完成后维修人员将维修前、维修中、维修后照片通过手机 APP 端口传送至智慧运管平台，形成闭环。

3.7　绿化环卫

1 数据分析

1）利用监控技术实时监测现场绿化与环卫区域人为破坏、自然灾害破坏等情况，情况发生后，平台管理人员第一时间发出指令至指定的作业人员，作业人员接收到信息后，组织人员、机具迅速到达现场，并处理突发事件。

2）通过红外遥感技术监测植被病虫害，平台管理人员远程操作智能加入相应的药剂对发生病害植被区域，按照规范要求配比对植被进行农药喷洒。

3）智能灌溉系统与智慧运管平台用移动互联网连接，对每个喷洒头安装智能芯片，通过智慧运管平台，能直接控制全区域或某个区域的灌溉作业，大幅度提升工作效率，降低养护作业成本，并提高作业安全系数。

4）作业人员完成指令任务后，对平台反映问题进行闭合，资料上传完成后，平台自动生成养护确认单，并按照养护区域及时间智能分类，便于后期对资料的查找及成本的统计；通过数据分析、技术积累，直观的数据资料可为后期技术作业提供保障，增加作业队伍专业性。

2 数据处理

智慧运管平台通过数据采集信息，将数据进行分类整理、判断，随即发布指令。平台根据定位系统确定作业人员、作业设备，安排车辆人员及时完成作业，并对完成过程进行实时监督检查。

1）作业人员定位管理

通过网格技术，对作业区域进行网格化划分，每个单元网格下作业人员进行地图管理。通过融合 GIS 与可视化图形报表，实现作业人员情况更直观展现。

2）清扫、洒水、垃圾清运作业智慧监管

通过对环卫车辆安装专用一体机设备，对车辆实时位置、清扫状态、作业轨迹、清扫里程、违规情况、清扫质量、垃圾清运情况等信息进行综合监控。

① 车辆实时位置跟踪

实现机扫车、洒水车、垃圾清运等机械化作业车辆实时作业位置的在线查看和追踪，具体包括实时 GIS 位置、地址、速度、方向、行驶路线、点火状况等信息（图 3–12）。

② 作业轨迹跟踪

作业轨迹跟踪实现环卫车辆历史作业轨迹查询和回放，系统通过图形化方式的地图上回放车辆作业全过程，便于对车辆的监管。

③ 作业路段管理

作业路段管理运用 GIS 技术对机械化作业路段进行可视化管理，

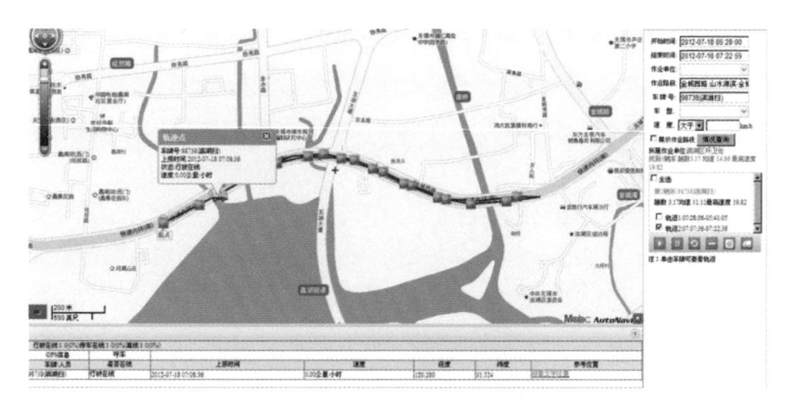

图 3-12　车辆实时定位系统

各路段的招标时间、起讫状况、作业单位、定额状况可在地图上查看。

④ 作业次数监管

基于车载智能一体机采集到的车辆作业过程数据，系统运用数据分析仪对海量数据进行二次分析，对清扫道路的作业次数自动累计，可根据时间区间统计车辆每条道路的清扫次数，通过对比额定次数实现清扫任务执行情况的精细化监管。

⑤ 清扫状态实时监控

通过机扫车载智能一体机，对机扫车、洒水车机扫和洒水装置开关状态等进行实时监管，规定路段未开启作业装置系统进行预警。

⑥ 清扫质量视频监控

通过对清扫、洗扫、扫水、除雪车等作业车辆安装车载监控摄像头，对车辆清扫、洒水、除雪作业后路面状况远程监控及实时状况抓拍，同时支持驾驶室内安装显示屏查看作业后道路状况。

清扫作业现场远程可视化监控，清扫质量问题快速响应、处理（图 3-13）。

图3-13 作业清扫质量监控系统

3.8 泵站设施

1 数据分析

智慧泵房结合传感器技术、物联网技术、人工智能技术支撑下的标准泵房和智能设备，对泵房设备进行现场调控、云端管理。针对智慧泵房对故障设备、故障位置、故障情况、故障问题进行综合性分析。

2 数据处理

1）水泵远程测控信息装置

水泵远程测控信息装置采集每台水泵的工况状态、安全状态、流量、水压，包括电源、启停、故障状态；漏电流、电线温度、电压、电流、功率、用电量，开关控制柜是否浸水等信息。

测控信息装置内可设置水压力、电流、电压、漏电、温度等监测数据的上下限报警值。当水压力超限时，测控信息装置立即将报警信息上报到监控中心。当泵站内水泵电源出现故障时（如过电压、过电流、欠电压、欠电流、电线过温、漏电流过大），测控信息装置立即将报警信息上报到监控中心；测控信息装置的工作参数支持远程设置、修改，方便用户远程维护终端设备（图3-14）。

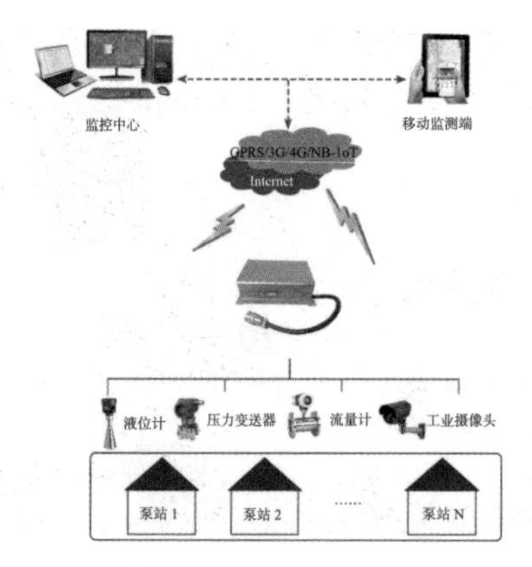

图 3-14　泵站运维系统

2）设备智能诊断

利用边云协同技术，实时监测机泵设备的振动和温度，建立设备全生命周期、个性化健康档案，实现故障预警和智能诊断（图 3-15）。泵机效率通过监测泵机的流量、扬程、电压和电流等进行实时分析，根据效率曲线结果提供效率优化建议和措施。

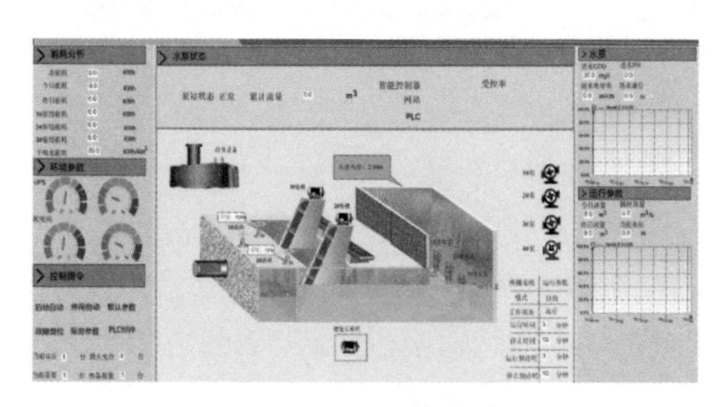

图 3-15　智能分析系统

3.9　垃圾清运

1 数据分析

可靠、安全和高效的异步消息传输，完善的消息路由机制，以及强大的在线信息融合处理能力，各业务系统信息统一收集、存储、整合与发布，确保联动中心内部信息高效、有序的共享共用（图 3–16）。

图 3–16　智慧垃圾桶

2 数据处理

自动完成指挥中心内部的跨系统设备联动，根据不同的实时信号或周期信号自动触发完成相应的联动，以保证联动中心的快速反应、高效运行和提高其应对突发事件的能力。

实时监控整个联动中心重要设备的运行状态和环境状态（图 3–17），收集并管理平台内部各种系统设备的故障信息，保证联动中心真正做到“养兵千日、用兵一时”，减轻技术保障部门的维护压力。

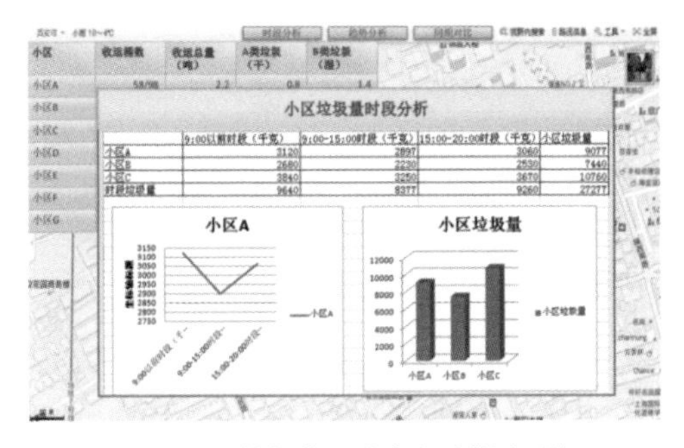

	9:00以前时段（千克）	9:00-15:00时段（千克）	15:00-20:00时段（千克）	小区垃圾量
小区A	3120	2897	3060	9077
小区B	2680	2230	2530	7440
小区C	3840	3250	3670	10760
时段垃圾量	9640	8377	9260	27277

图 3–17　垃圾收运进度实时监测系统

第 4 章　应急管理

4.1　防汛保障

近年来，随着城市化进程的不断加快，城市规模不断扩大，各城市防洪排涝标准低、应急处置薄弱等问题凸显。防汛保障中运管平台可及时获知汛情，第一时间派发指令，调配相关人员、机具进行排涝处置，确保顺利度过汛期。

4.1.1　获知汛情

通过智慧运管平台获知汛情的方式主要有：平台传送的防汛文件与积水点视频监控（图 4–1、图 4–2）。平台会根据雨情大小传递给应急管理人员，人员听到警报后通过智慧运管平台系统对物资、人员、设备进行核查。

××市防汛指挥部城市办公室文件

××市汛城办发〔2021〕36 号

××市防汛指挥部城市办公室
关于做好 9 月 22 日–30 日持续降雨天气
城市防汛工作的紧急通知

各区县人民政府、各开发区管委会，西安水务集团及城市防汛各成员单位：

据市气象台预报，受副高外围暖湿气流和高空槽共同影响，22 日晚上起我市将开始新一轮持续性阴雨天气，预计将维持至月底。其中9 月22–23 日、26 日阴天有小到中雨；24–25 日城区及北部区县大雨、南部区县暴雨，秦岭局地大暴雨；27–30 日以小雨为主，过程累计降水量：城区及北部区县100～150 毫米，南部区县200～250毫米。降水前期具有对流性质，预计局地最大小时雨强10～30 毫米。为做好此次持续降雨天气防御工作，现

-1-

图 4–1　传送防汛文件

图 4-2 积水点视频监控

4.1.2 防汛处置

为了识别防汛类别，防汛等级划分为 4 级，由低到高为 4 级、3 级、2 级、1 级（表 4-1）。

防汛等级划分 表 4-1

暴雨等级类别	预警颜色等级	预警等级
4 级：风险低	暴雨 蓝 RAINSTORM	蓝色暴雨预警代表 12h 内降雨量将达到 50mm 以上，或已经达到 50mm 以上，且降雨可能持续
3 级：风险较高	暴雨 黄 RAINSTORM	黄色暴雨预警代表 6h 内降雨量将达到 50mm 以上，或已经达到 50mm 以上，且降雨可能持续
2 级：风险高	暴雨 橙 RAINSTORM	橙色暴雨预警代表 3h 内降雨量将达到 50mm 以上，或已经达到 50mm 以上，且降雨可能持续
1 级：风险很高	暴雨 红 RAIN STORM	红色暴雨预警代表 3h 内降雨量将达到 100mm 以上，或已经达到 100mm 以上，且降雨可能持续

1 运管平台根据雨情大小，将积水范围及深度传送至各积水点负责人，并调配相关保障人员与防汛物资。

2 在接到汛情紧急指令后，各积水点负责人按照的分配任务，迅速到达防汛抢险点位，按照制定的防汛应急预案执行（图 4-3）。此后每隔 30min 向运管平台传送积水情况及现场抽排的影视资料，直至积水抽排完成并恢复交通后，接运管平台防汛解除指令后，撤离现场。

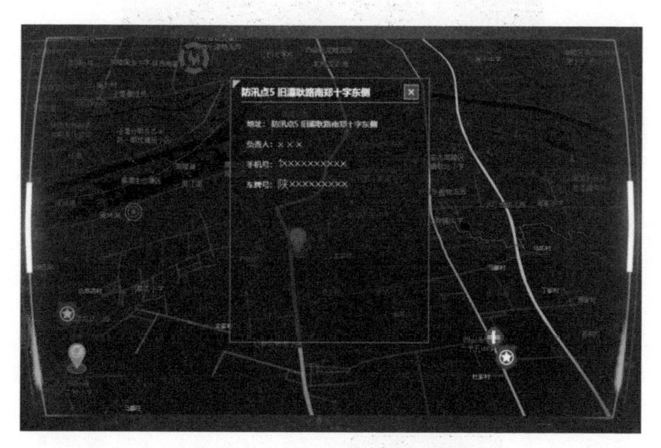

图 4-3　防汛任务分配及监管

4.2　迎检维稳

迎检工作做得好与坏，体现出了单位组织的领导力、判断力与执行力。然而迎检保障任务具有突发性、持续性与广泛性，如何及时获取迎检信息，并快速做出响应至关重要。智慧运管平台通过通知迎检信息与资源调配，实现资源共享，提高维稳效率。

4.2.1　信息发布

在获知迎检信息后，运管平台及时通知项目负责人，通知内容包括：来检单位、来检领导、检查内容、检查时间、迎检线路等。项目负责人通过分析迎检等级做出相应决策。

1）一级工作响应

动用全公司的资源，响应重大任务，由公司最高负责人任迎检工作总指挥。

2）二级工作响应

动用本项目资源，响应重点任务，由项目负责人任迎检工作总指挥。

3）三级工作响应

动用班组资源，响应普通任务，由项目负责人任迎检工作总指挥。

4.2.2 应急响应

项目负责人根据响应等级反馈至运管平台，平台将统一派送巡查人员进行提前摸排，对已发现问题第一时间上报智慧运管平台，同时应急保障人员通过平台熟悉迎检路线，并对该路线进行全方面排查，平台会根据设施损坏事件情况调配设施维修人员进行处理，迎检任务结束后，运管平台统一发送撤离通知。

4.3 应急管理制度

1 应急班组要根据自身的职责和工作需要，加强队伍建设和培训，保证一旦发生市政设施应急事件，能够迅速高效地开展工作。

2 值班人员要设立值班电话记录制度，明确值班人员职责，一旦获取市政应急信息，及时上报相关部门并下传各项指令，确保应急预案能迅速启动到位。

3 记录日常道路及设施信息，对存在隐患的地方及时消除，减少突发事件的发生。

4 应急站点物资及设备定期检查，确保每天处于正常运行状态。

5 应急班组成员严格执行值班制度，确保获取应急信息后，及时投入抢修工作，在岗人员严禁酒后上岗。

6 在紧急事件处置工作中遇到重大技术问题、超越职能范围的问题或势头出现失控苗头等时候，严禁冒险、盲目作业。

7 紧急处置工作结束后，及时汇报处理结果，并提供相关的影像资料，以便归档。

8 定期对事件处置各环节工作进行全面总结，积累经验，整改不足，完善预案。

9 应急班组要根据自身的职责范围和处置工作需要，配备必要的抢险设备和应急物资，加强后勤保障。

10 对推动应急处置工作的开展中起积极作用，或在应急处置工作中有突出贡献的成员报公司领导审批后给予奖励。

11 对玩忽职守，不听从指挥、不认真负责或临阵脱逃、擅离职守的人员，调查核实后，按照相应的处罚制度予以处罚。

4.4 应急预案启动及响应

1 当事故评估预测达到启动应急预案条件时，由应急总指挥发出启动应急反应指令。由总指挥和事故现场副总指挥同时启动，一、二级应急反应行动组织，按应急预案的规定和要求及事故现场的特性，执行应急反应行动，根据事态的发展需求及时启动部应急救援资源和社会应急公共资源，最大限度地降低人员伤亡及财产损失。

2 事故发生后，事故现场应急专业组人员应立即开展工作，及时发出报警信号，互相帮助，积极组织自救；在事故现场及存在危险物资的重大危险源外，采取紧急救援措施，特别是突发事件发生初期能采取的各种紧急措施，如急断电、组织撤离、救助伤员、现场保护等；及时向公司应急领导小组报告，必要时向相邻可依托力量求救，事故现场外人员应积极参加援救。

3 事故现场由应急领导小组组长任现场指挥，全面负责事故的控制、处理工作。应急领导小组组长接到报警后，应立即赶赴事故现场，不能及时赶赴事故现场的，必须委派一名应急领导小组成员或事故现场管理人员，及时启动应急系统，控制事态发展。

4 应急领导小组接到报告后，应立即向上级相关部门报告。报告内容主要有发生事故的时间、地点、伤者人数、性别、年龄、受伤程度、事故简要过程和发生事故的原因。

5 突发应急事件，应急抢险就是与时间赛跑，物资储备就是最重要的环节。有足够的人员、物资、设备保障才能取得时间上的胜利。全面启动应急预案后会通过智能平台对人员、物资、设备进行速度性盘点和性能型排查。以最快速度确保人员在岗、物资充沛、设备性能良好，物资通常采用扫码领取出入库并登记（图4-4）。

应急物资出入库登记表

序号	名称	入库时间	数量	领取人	出库时间	数量

图4-4 出入库台账表

为加强应急物资仓库管理，供好、管好、用好各类应急物资，防止造成应急物资的积压、短缺、挪用、浪费现象，做出以下规定：

1 按照各类突发事件应急抢修要求配置应急物资数量。

2 应急物资分类清楚，摆放整齐、规范，应急设备做好经常性保养，特种设备做好年检工作。

3 应急仓库内物资日清月结，做到账、卡、物三相符。应急物资清单和应急仓库管理制度必须上墙。做好登账、记录工作，每月盘点一次。

4 应急仓库要切实做好防火工作，做到消防设施齐全，并定期进行检查确保有效。严禁带入火种、禁止吸烟，仓库周围不得堆放易燃、易爆等危险物品，以免引起火灾。

5 应急物资仓库储备的应急物资，原则上仅限于应用于应急事件或应急演习，并根据应急工作的需要统一调配和使用。

6 坚持实物验收制度。仓库管理员应熟悉各类物品的用途、性能，对进库物资进行验收，及时掌握材料等物资动态，提出备料计划。

7 应急物资专项专用，严禁随意借用。借用必须做好出入库登记，做好台账管理。

第 5 章　数据信息管理

5.1　人员信息管理

5.1.1　组织机构

根据公司及相关管理单位管理机制，建立系统组织机构，维护组织机构的名称、级别、性质与类型等（图 5–1、图 5–2），以方便对组织人事的管理。

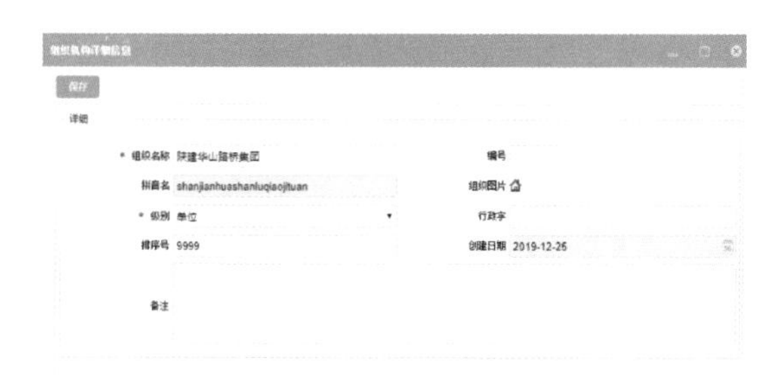

图 5–1　组织机构设立

组织机构

组织机构名称	级别	创建日期
组织机构		
华山路桥集团	单位	2019-12-25
市政配套中心	单位	2019-12-25
城市运营公司	单位	2019-12-25
公司领导	部门	2019-12-25
财务科	科室	2019-12-25
综合科	科室	2019-12-25

图 5–2　组织机构维护

5.1.2 职务管理

1 职务设定

根据组织机构层级，设定、添加维护职务信息，用于部门职务管理、维护职务名称（图 5–3）。

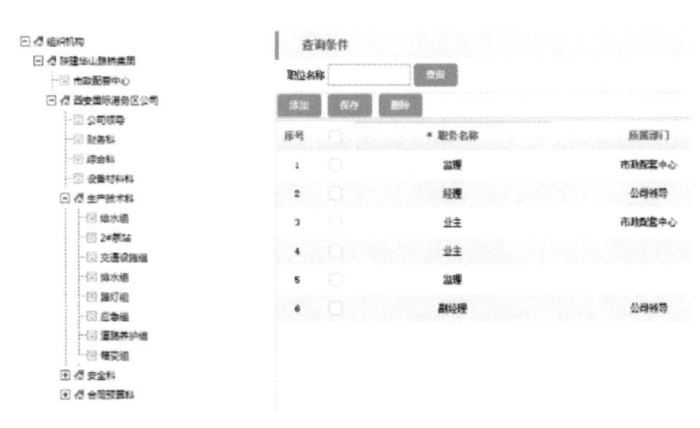

图 5–3 人员职务管理

2 权限管理

为了更好地明确责任及操作权限，避免由于操作权限不明确而造成的损失，按照职务划分，设定相应管理权限（图 5–4）。

如：系统管理员可对计算机的系统操作、数据上传下载、程序变更等高级操作。普通用户可对平台数据进行审批、查看等。拥有相应操作权限的工作人员，要对所使用的账户信息负责，不得随意将账户交给或借予他人使用，如因紧急情况需要将账户信息交由他人使用的，要报系统管理员进行监督，使用后权限人要及时更改账户信息，避免造成不必要的损失，因账户信息外流而造成损失的，要追究权限人及审批人的责任。

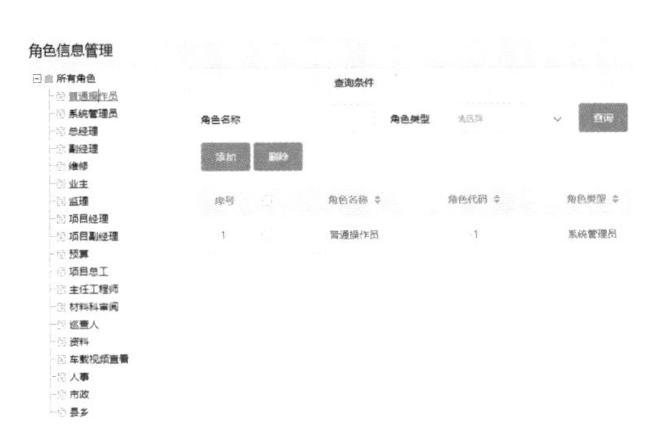

图 5-4　权限分配

5.1.3　人员管理

用来维护各单位、各班组的人员，包括人员基本信息，上传个人照片，以及人员的教育信息、联系方式、培训经历等附属信息（图 5-5、图 5-6）。

序号	姓名	性别	企业工龄	部门名称	职务名称	员工状态
1	系统管理员	0		组织机构		
2	×××	男	1	西安国际港务区公司→巡查组		在岗
3	×××	男	1	西安国际港务区公司→安全科		在岗
4	×××	男	1	西安国际港务区公司→生产技术科		在岗
5	×××	男	1	西安国际港务区公司→公司领导	经理	在岗
6	×××	男	1	西安国际港务区公司→2#泵站		在岗
7	×××	男	1	西安国际港务区公司→排水组		在岗
8	×××	男	1	西安国际港务区公司→资料组		在岗

图 5-5　人员信息查询

图 5-6　人员信息维护

5.2 资产信息管理

采用射频识别（RFID）技术，兼容条码技术（一维条码／二维条码），实现资产智能化管理。平台集 Web ／ Android 手持终端实现了固定式设备、手持终端设备与系统服务端的数据交互、处理和无线通信，完全兼容两种网络状态：有网络和无网络情况下的数据存储、资产查询、资产盘点、实时监控（图 5–7）。

箱变信息调整

箱变名称　编号　查询　导出数据

序号	箱变名称	编号	经度	纬度	状态
1	[illegible]1#箱变	1000784	109.082578	34.387212	在线
2	[illegible]	1000792	109.069401	34.383925	在线
3	[illegible]	1000828	109.07086	34.3818	在线
4	[illegible]	1000844	109.074862	34.435963	在线
5	[illegible]	1000827	109.066054	34.359914	在线
6	[illegible]500KVA	1000837	109.021822	34.36574	在线
7	[illegible]	1000797	109.085703	34.365524	在线
8	[illegible]	1000824	109.01804	34.387412	在线
9	[illegible]	1000821	109.089946	34.384995	在线

图 5–7　资产信息调整

1 手持终端设备功能

1）资产查询：实现手持终端信息查询和资产查找；

2）资产盘点：实现手持终端对资产的盘点、上传查询结果等；

3）配置参数：实现 APP 端相关参数配置。

2 Web 端功能管理

1）校准管理：实现资产标签初始化、登记入库、出库、设备盘点、校准等一体化管理流程（设备如需校准）；

2）仓库管理：实现资产设备入库、出库、借用、归还、设备盘点等；

3）资产监控：借助固定式识读设备，可以实时监控设定区域资产的流通状态；

4）报表统计：通过柱状图、折线图、状态图、环形图等统计分析资产信息，提供决策支撑；

5）系统管理：主要对系统用户的统一登录、权限分配、资产分类等进行设置，对资产进行有效管理（图 5–8）。

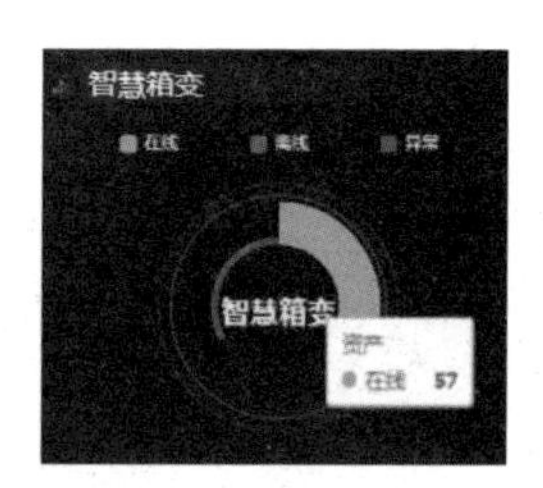

图 5–8　资产管理应用

5.3　物资设备管理

5.3.1　物资管理

1 在物资管理系统中，由库管人员对照采购订单进行入库操作，并填写入库单。而入库单能够从未入库的采购订单中选择与其相符的采购订单，再由系统自动进行相关数据的填充。

2 在物资出库时，则需要填写出库领料单。通过与项目的关联，能够从该项目的物资库中进行领料操作。此时，若待领数量超出实际库存数量，系统警示无法领料；若领料成功，相应的库存则会减少（图 5–9）。

3 在物资管理系统中，搭建了物料库存中心，管理人员随时了解到所有物资的全部情况。对于库存数量小于最低库存要求的物资，系统也会有明显的标记，以提示材料管理员，尽快采购补充。

4 利用电子采购平台，可实现多个采购单位的采购业务集成在一个采购系统平台，以此来支持多种电子采购管理系统业务流程，且要具备支持多法人、多需求单元、多采购组织、多库存地的企业采购功能需求，实现高效采购、阳光采购、集中管理的目标。

云平台采用开放、共享、共赢的经营理念，以让利项目、优惠价格、优质服务为核心原则，建立线上资源库和供应链，通过严选供应商，以大数据库系统甄选质量、价格最优化的高性价比商品，以客户需求为己任，明码标价，为用户提供高效便捷、价格透明、成本降低的服务（图 5-10）。

序号	物资分类	物资名称	规格型号	数量	单位
1	防汛物资	安全绳		15	卷
2	防汛物资	下水裤		10	条
3	防汛物资	水龙带		800	米
4	防汛物资	水马		150	个
5	防汛物资	锥桶		300	支
6	防汛物资	皮筏艇		1	个
7	防汛物资	防汛沙袋		1000	条
8	防汛物资	雨衣雨裤		80	套
9	应急迎检	围挡板		1300	米
10	应急迎检	照明灯具		10	套
11	五金材料	强光手电		10	把
12	五金材料	铁丝		5	卷
13	五金材料	发电机		6	台

图 5-9　物资管理库

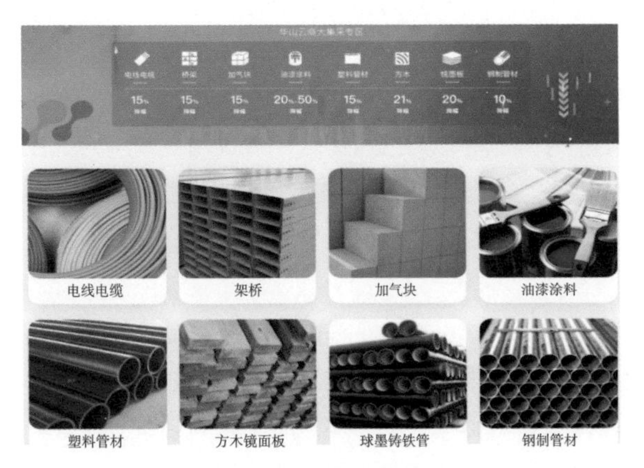

图 5-10　电子采购平台

5 企业电子采购管理系统通过供应商协同，精准要货计划、发货计划，通过多系统对接实现内部需求申请后的供应商直发功能以及移动操作功能，提高采购和到货周期以及对账效率。

6 企业采购平台系统通过内部协同，提高采购信息反馈的有效性、降低人工成本。采购系统通过统一平台组织和账套的新建和调整、应用接口的复制和扩充，具备快速支持组织机构调整、新组织纳入及组织拆分或合并等所带来的管理变更或推广的管理需要。

7 电子采购系统支持统一的、结构化的、可扩展的物料代码管理体系，提供完整的物料架构管理流程，对企业的物料进行专业的结构化管理，同时提供了与物料代码相关的物料图档管理、替代物料管理、制造商物料管理、可供物料清单管理、设备物料管理等业务支撑。

8 供应商信息是采购管理的基础信息，企业采购系统提供统一的供应商管理流程，并对供应商队伍进行动态有效的管理，通过供应商年度评估和日常考核，实现供应商优胜劣汰机制。供应商管理包括供应商基本信息管理、供应商预警管理、供应商日常考核管理、供应商年度评估等功能。

9 为了实现策略性采购，寻源管理基于询比价的需求而展开。通过企业采购平台系统寻源管理模块，建立一套标准的寻源体系、合同管理体系。通过询比价、谈判过程的标准化、合同管理的规范化，达到信息化高度集成的目的。同时，寻源管理模块要能够迅速适应市场变化，提高采购透明度，节约采购成本，降低采购风险，提高电子采购平台效率，规范采购流程。

10 电子采购平台系统兼具内外网登录功能，专家通过外网进行在线评标、审批。异地评标更加客观公正，评标结果公示期内，投标人或者其他利害关系人对评标结果及中标候选人的异议、投诉明显减少，为营造公开、公平、公正、诚实、守信的市场环境积累了经验，也为规范工程建设招标行为、加快招标投标工作健康发展、维护市场秩序发挥了重要作用。

11 建立线上物资采购清单，如此一来，员工在进行物资清点入库时，就可以方便许多。自动填充信息免去手动输入的麻烦，减少人力，避免出错。而物资与合同的联动也能实现物资自动归入项目，避免物资归属不明，出现差错（图 5-11）。

仓库物品采购清单

申请部门	信息部	申请人	管理员	
申请日期	2021-02-06	仓　库	请选择	
采购合同		采购合同编号		
采购明细				选择物品
物品名称	规格	预购数量	实际单价	总价
用途				
备注				
合计金额	0	大写金额	零元整	
库房负责人签字		批准人签字		
库房清点人签字		采购人签字		

图 5-11　物资采购表

12 出入库清晰记录，数据动态更新。物资采购完成之后，就要做好出入库的管理，保护好企业的财产，避免物资数量不对，去向不明，后期难以审计。在物资管理平台中，由库管人员对照采购订单进行入库操作，并填写入库单。而入库单能够从未入库的采购订单中选择与其相符的采购订单，再由系统自动进行相关数据的填充（图 5-12）。

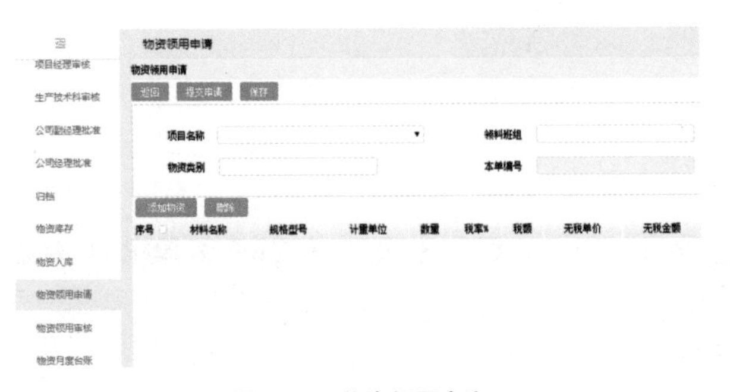

图 5-12　物资领用出库

5.3.2　设备管理

1 智慧车辆管理采用 GPS 定位 / 视频监控系统，是结合 GPS 技术、GSM 通信网络技术、GIS 技术的高科技位置管理系统，具有功能多、兼容性好、稳定、低成本等诸多优势（图 5-13）。

2 使用高科技管理技术武装企业，使管理成本降低；减少公司通信费用；提高生产效率，节省车辆投资成本，有效杜绝车辆公车私用，提高企业人员素质；提高企业数字化管理，合理调度和管理车辆；提升企业形象，可以提供即时车辆查询。

3 通过 GPS 定位技术 +GSM 网络 +GPRS 无线传输技术以及计算机技术等手段，结合运用矢量化地理信息电子地图软件平台，监控人员可以监控车辆在地图上的位置信息、运动状态、运行轨迹，同时还提供对监控车辆跟踪查询、管理等车辆工作状态监察、调度的功能。

4 定位监控。可精确查询车辆的实时位置、实现车辆跟踪，多窗口、多组别车辆点轨迹、线轨迹跟踪轨迹回放，自由选择时间段，回放历史记录车机状态报警、信息提示地图管理等（图 5-14）。

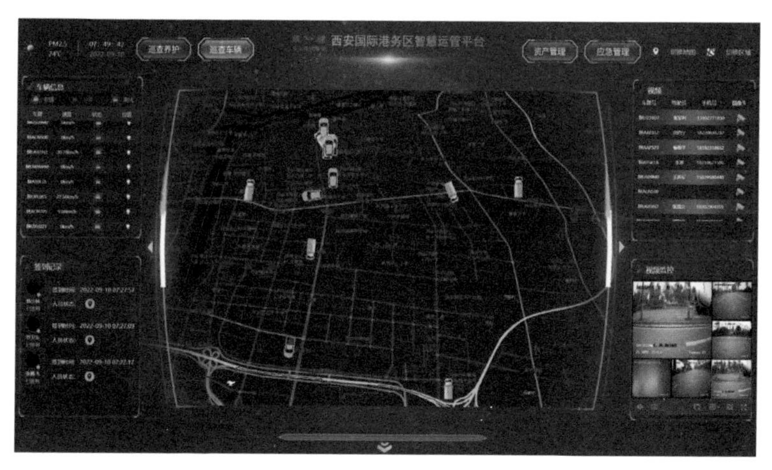

图 5-13　车辆定位

图 5-14　视频监控

5 车辆安装 GPS 是车辆使用长期发展的趋势，早应用，早为企业创造价值。近年来由于全球定位系统技术的发展，使得移动目标的实时定位成为可能，同时无线通信技术也得到了长足进展，使得对移动目标进行远程跟踪管理成为现实。

6 根据需求研发配置各类传感器，实时有效地监控车辆的燃油消耗，并通过终端传回指挥室，利用采集的数据生成详细表格，从而高效、快捷地掌控车辆的动态和燃油消耗的情况，避免浪费（图 5-15、图 5-16）。

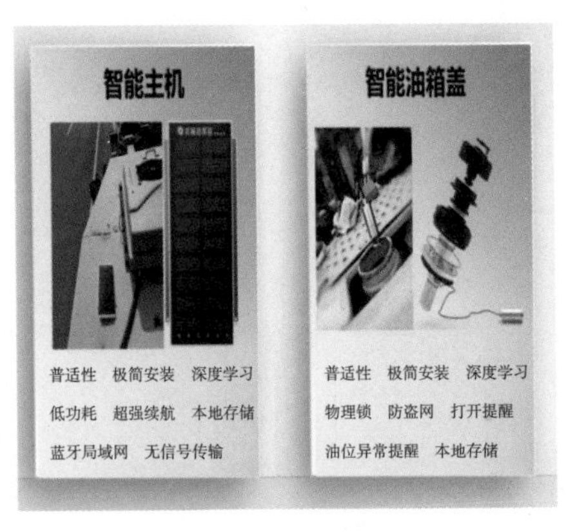

图 5-15　智能油箱盖

采集数据一览表

数据类别	数据名称	上传后是否可自主更改
机械工作信息	工作时长	NO
	当前地理位置	NO
	行动轨迹	NO
	启停状态	NO
	怠速状态	NO
	加油量	NO
	耗油量	NO
异常报警信息	油位异常提醒	NO
	主机拆卸报警	NO
	油箱盖打开报警	NO

图 5-16 数据一览表

7 大型机械设备通过建立二维码机具库，进行扫码领用与归还，记录机具进出场时间以及维修保养时间，对机具进行全寿命管理（图 5-17）。另外，通过分析机具使用年限及维修保养情况，测评机具使用效率与折损。

设备台账

设备台账

设备名称　　规格型号　　查询　重置　导出报表

登记设备　删除设备

序号	设备名称	规格型号	功率kW	生产厂家	出厂时间	出厂编号	进场时间	退场时间	出
1	中型自卸货车 陕 Axxxxx	豪曼牌ZZ3118G17EB0	118	中国重汽集团福建海西汽车制造有限公司	2020-05-15	006411	2020-06-22	2035-06-22	
2	徐工随车起重机	东风牌DFZ5258SQSZ5D	150	徐州徐工随车起重机有限公司	2020-03-15	014818	2020-05-27	2035-06-11	
3	疏通车 陕 Axxxxx	中联牌ZBH5189GQXDFE6	169	中国长沙中联重科环境产业有限公司	2020-03-10	8013292	2020-04-29	2035-05-13	
4	高空作业车 陕 Axxxxx	润知星牌SCS5120JGK24DFH	169	湖北润力专用汽车有限公司	2020-04-30	041749	2020-05-28	2035-06-01	
5	轻型货车 陕 Axxxxx	楚飞牌CLQ5040ZLJ6JX	85	湖北成龙威专用汽车有限公司	2020-04-10	93626	2020-05-14	2035-05-25	
6	轻型货车 陕 Axxxxx	楚飞牌CLQ5040ZLJ65X	85	湖北成龙威专用汽车有限公司	2020-04-10	93625	2020-05-21	2035-05-25	
7	轻型普通货车 陕 Axxxxx	江西五十铃牌JXW1033ESB	150	江西五十铃汽车有限公司	2019-05-10	012563	2019-06-13	2034-05-15	
8	重型平板货车 陕 Axxxxx	EQ5140TPBGDDAC	103	中国东风汽车股份有限公司	2020-04-10	102715	2020-04-13	2035-04-21	
9	小型普通客车宝骏 陕 Axxxxx	宝骏牌LZW6471CJ6	74	上汽通用五菱汽车股份有限公司	2020-03-10	015357	2020-04-24	2035-05-15	
10	小型普通客车宝骏 陕 Axxxxx	宝骏牌LZW6471CJ6	74	上汽五菱汽车股份有限公司	2020-03-10	015184	2020-04-24	2035-05-15	
11	酒井 振动压路机	TW354W-K	26	酒井工程机械（上海）有限公司	2019-12-15	4TW81-40138	2020-04-21	2021-06-10	
12	徐工 路面铣刨机	XM503K	260	徐州徐工筑路机械有限公司	2020-03-26	4	2020-04-09	2021-06-15	
13	盖尔滑移装载机	GEHL R165	52	美国盖尔制造公司	2019-03-15	GHLOR165KOX199579	2019-07-10	2021-06-10	
14	酒井 振动压路机	TW354W-K	26	酒井工程机械（上海）有限公司	2018-10-10	4TW81-40124	2019-06-10	2021-06-10	

图 5-17 设备全寿命管理

5.4 工单数据管理

5.4.1 工单审批

1 对传递到当前登录人员的工作单进行办理和传递，查询当前人员处理过并且传递出去的工单信息。

2 查询当前人员需要处理的工单信息，根据查询条件进行查询，支持工作单号的精确查询（图 5–18）。

图 5–18　工单审批 1

3 信息填写完毕，点击“保存”然后“传递”，该工作就办理完毕；后续可以在“已处理”页面查询到已审批工单（图 5–19）。

图 5–19　工单审批 2

1）点击“已处理”页面，查看处理完毕并且传递到下一个环节的工作单（图 5–20）。

序号	工作单号	工作单类型	工单状态
1	2022-06-23-05	日常养护	维修中
2	2022-06-23-02	日常养护	审核未通过
3	2022-06-22-03	日常养护	维修中
4	2022-06-21-10	日常养护	已归档

图 5-20　工单状态

2）点击相应环节的“详细信息”“执行图表”可以对办理情况进行浏览（图 5-21）。

应急抢修(2022-08-14-03)

执行图表　审批记录　环节名称　流程展示

工单号：2022-08-14-03

序号	环节名称	办理情况	办理意见	办理人	开始办理时间	结束办理时间
1	日常养护	详细信息	正常传递！	×××	2022-08-14 09:04:21	2022-08-14 09:04:21
2	业主审批	详细信息	正常传递！	×××	2022-08-14 09:04:21	2022-08-14 10:25:01
3	项目经理	详细信息	正常传递；同意办理	×××	2022-08-14 10:25:01	2022-08-14 11:55:39
4	生产经理	详细信息	正常传递！	×××	2022-08-14 11:55:39	2022-08-15 07:47:18
5	维修	详细信息	正常传递！	×××	2022-08-15 07:47:18	2022-08-24 22:45:58
6	资料	详细信息	正常传递！	×××	2022-08-24 22:45:58	2022-08-25 08:32:05
7	预算	详细信息	正常传递！	×××	2022-08-25 08:32:05	2022-08-25 09:25:33

图 5-21　工单审批记录

5.4.2　工单进度

在工单进度功能菜单中，可以对工单办理进度进行跟踪。可以通过该功能查看所关注的工作单办理到哪个环节和具体环节相应的办理信息，可以对该工作单进度进行查看（图 5-22）。

5.4.3　工单查询

在工单查询功能菜单中，可以对工单进度进行查看，可以对工单的每个环节的办理情况进行查看（图 5-23）。

我的工单进度

序号	工作单号	工作单类型	申请人	申请时间	管理单位	工单状态	当前环节	维修班组
8	2022-06-22-03	日常养护	×××	2022-06-24 22:14:07	城市运营公司	维修中	维修	道路养护组
9	2022-06-13-05	日常养护	×××	2022-06-24 22:10:50	城市运营公司	维修中	维修	道路养护组
10	2022-06-13-04	日常养护	×××	2022-06-24 22:10:32	城市运营公司	维修中	维修	道路养护组
11	2022-06-10-01	日常养护	×××	2022-06-24 22:09:34	城市运营公司	维修中	维修	道路养护组
12	2022-06-21-06	日常养护	×××	2022-06-24 22:08:59	城市运营公司	维修中	维修	道路养护组
13	2022-06-12-03	日常养护	×××	2022-06-24 22:08:37	城市运营公司	维修中	维修	道路养护组
14	2022-06-24-02	日常养护	×××	2022-06-24 10:07:51	城市运营公司	未审批	业主审批	

图 5-22　工单进度

工单查询

序号	工作单号	工作单类型	申请人	申请时间	管理单位	工单状态
1	2022-06-28-12	日常养护	×××	2022-06-28	城市运营公司	未审批
2	2022-06-28-11	日常养护	×××	2022-06-28	城市运营公司	未审批
3	2022-06-28-10	应急抢修	×××	2022-06-28	城市运营公司	维修中

图 5-23　工单查询

5.4.4　打印报表

1 在事件查询功能菜单中，可以对事件的详情进行查看，并支持查询结果导出（图 5-24）。

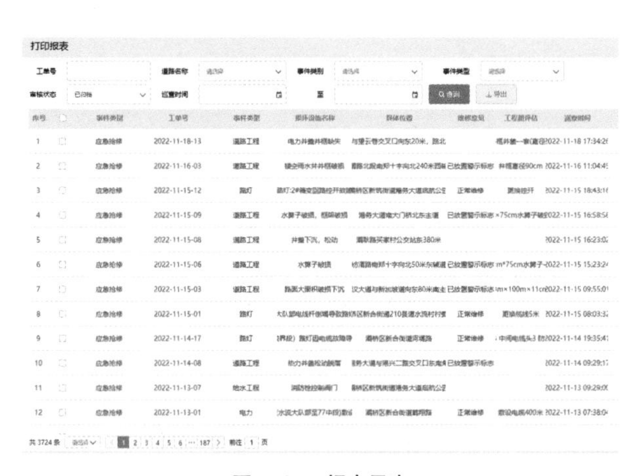

打印报表

序号	事件类别	工单号	事件类型	[illegible]	[illegible]	[illegible]	[illegible]	[illegible]
1	应急抢修	2022-11-18-13	道路工程	[illegible]	[illegible]		[illegible]	2022-11-18 17:34:2
2	应急抢修	2022-11-16-03	道路工程	[illegible]	[illegible]	[illegible]	[illegible]	2022-11-16 11:04:4
3	应急抢修	2022-11-15-12	路灯	[illegible]	[illegible]	正常维修	[illegible]	2022-11-15 18:43:1
4	应急抢修	2022-11-15-09	道路工程	[illegible]	[illegible]	[illegible]	[illegible]	2022-11-15 16:58:5
5	应急抢修	2022-11-15-08	道路工程	[illegible]	[illegible]			2022-11-15 16:23:0
6	应急抢修	2022-11-15-06	道路工程	[illegible]	[illegible]	[illegible]	[illegible]	2022-11-15 15:23:2
7	应急抢修	2022-11-15-03	道路工程	[illegible]	[illegible]	[illegible]	[illegible]	2022-11-15 09:55:0
8	应急抢修	2022-11-15-01	路灯	[illegible]	[illegible]	正常维修	[illegible]	2022-11-15 08:03:3
9	应急抢修	2022-11-14-17	路灯	[illegible]	[illegible]	正常维修	[illegible]	2022-11-14 19:35:4
10	应急抢修	2022-11-14-08	道路工程	[illegible]	[illegible]	[illegible]		2022-11-14 09:29:1
11	应急抢修	2022-11-13-07	给水工程	[illegible]	[illegible]			2022-11-13 09:29:0
12	应急抢修	2022-11-13-01	电力	[illegible]	[illegible]	正常维修	[illegible]	2022-11-13 07:38:0

共 3724 条

图 5-24　报表导出

2 选择已勾选的工单，点击“导出”报表即可自动生成，直接打印，签字盖章即可，提高了办公效率（图 5–25）。

日常零星维修养护验收确认单

记录单位：陕西华山路桥集团有限公司　　　　记录单编号：

日期	损坏设施具体位置及指令要求	指令来源	损坏设施原状照片	修复后照片	具体维修方法及工程量
2022.08.30	具体位置：纺渭路北段新合新苑小区东门西主道损坏设施名称：路面坑槽	根据巡查日报通知监理确认开始工作			破损修复：1. 铣刨 10cm 厚原沥青混凝土路面：20.86cm · m²； 2. 6cm 厚混凝土沥青底层摊铺、碾压：12.52cm · m²； 3. 4cm 厚混凝土沥青面层摊铺、碾压：8.34cm · m²； 4. 垃圾外运：0.29m³
2022.08.29	具体位置：港务大道与港兴二路交叉口向北 50m，东货运道损坏设施名称：路面坑槽				1. 铣刨 7cm 厚原沥青混凝土路面层：26.13cm · m²； 2. 7cm 厚混凝土沥青面层摊铺、碾压：26.13cm · m²； 3. 垃圾外运：0.37m³

图 5–25　验收确认单

5.5　系统日常维护

5.5.1　维护管理基本任务

1 进行信息系统的日常运行和维护管理，实时监控系统运行状态，保证系统各类运行指标符合相关规定。

2 迅速而准确地定位和排除各类故障，保证信息系统正常运行，确保所承载的各类应用和业务正常。

3 进行系统安全管理，保证信息系统的运行安全和信息的完整、准确。

4 在保证系统运行质量的情况下，提高维护效率，降低维护成本。

5.5.2　维护内容

信息系统的维护内容在生产操作层面又分为机房环境维护、计算机硬件平台维护、配套网络维护、基础软件维护、应用软件维护五部分：

1 机房环境指保证计算机系统正常稳定运行的基础设施，包含机房建筑、电力供应、空气调节、灰尘过滤、静电防护、消防设施、网络布线、维护工具等子系统。

2 计算机硬件平台指计算机主机硬件及存储设备。

3 配套网络指保证信息系统相互通信和正常运行的网络组织，包括联网所需的交换机、路由器、防火墙等网络设备和局域网内连接网络设备的网线、传输、光纤线路等。

4 基础软件指运行于计算机主机之上的操作系统、数据库软件、中间件等公共软件。

5 应用软件指运行于计算机系统之上，直接提供服务或业务的专用软件。

第6章　智慧运维应用案例

智慧城市管养是未来城市发展的重要方向，是对城市管理体制改革的一种有益探索，也是贯彻落实国家智慧城市发展理念的一项重要举措。不管是扩大服务内容的横向发展，还是完善产业链的纵向一体化发展，智慧城市管养技术能在应用层面上实现规模效应、协同效应，提高运维品质，降低运营成本，既对政企双方均有利，也有助于提高整个城市经济社会的发展。

6.1　健全管理机制，提升运维理念

6.1.1　安全防范机制

智慧城市安全保障的需求是全方位的，需要各级政府的多个职能部门相互协调，以及所有相关单位的积极配合，当然也需要全社会的全力配合和协同合作。建立智慧城市安全管理保障体系是智慧城市安全建设的关键环节。

1 安全管理组织

智慧城市建设是一项跨部门、跨行业综合的复杂系统工程，为保障智慧城市建设的顺利进行，必须分级建立与之相适应的安全行政管理机构，进而形成安全管理组织体系。

每个在建的智慧城市都应成立城市级安全管理组织领导机构。城市级的安全管理组织机构应在政府的统一领导下，由工信、公安、保密、科技、安全、市政、通信和信息办等相关部门组成。该机构应主要负责：制定智慧城市建设的安全政策，贯彻落实国家有关的安全法律法规，督促各有关部门各司其职、各尽其责，组织协调各有关部门密切配合等，从组织上保证智慧城市安全保障工作有条不紊地实施。

各个智慧城市建设和应用系统的使用单位，应结合本单位实际情况，成立由信息主管负责人领导的，管理、保卫、人事和专业技术等相关人员共同参加的安全建设领导小组，负责本单位的系统安全建设工作。该机构应主要负责：监督制定、实施各项安全管理制度和技术防范措施，组织安全检查和进行安全教育，撰写、审阅安全报告，检查建设日志和其他与系统安全有关的材料，定期组织安全检查等。

2 安全人事管理

智慧城市建设的安全人事管理需要特别注意的是实施有效的安全培训和吸引优秀的信息技术人才。对于智慧城市建设所涉及的有关工作人员要定期进行安全培训，应根据不同工作岗位的特征和工作需要对其提供不同的培训方案。对于智慧城市建设的宏观管理人员的培训应以复合性为标准，即融政治、知识、技术、指挥、管理为一体的综合性安全知识培训。对于从事安全技术开发和应用的技术人员的培训应以专业性为标准，培训内容应紧跟世界信息安全技术的前沿。对于一般工作人员的培训应以普及信息安全基本知识为主。

6.1.2 创新机制

创新视野下的智慧城市创新突出体现以下三个方面：①注重用户创新；②突出大众创新；③强调开放创新。

基于智慧城市创新的特征所构建的创新机制应实现的作用效果：

1）从制度上清除城市各类主体参与创新活动的障碍，让创新者有充分施展的空间。

2）以完善的服务来节约市民的时间资源、为市民参与创新活动提供必要的资源条件，降低市民合作创新的成本。

3）营造人人参与创新的文化氛围，培育社会创新自组织功能。智慧城市应是极具创新活力的城市，而目前我国多数智慧城市建设规划中并没有对培育城市的创新能力给予足够的重视，这使得智慧城市建设的规划更像是城市系列信息化工程的汇总，这样的规划设计即便是很精细、很完善，也无法为智慧城市注入发展的活力，难以实现城市的可持续发展。智慧城市建设不仅需要先进的信息技术和设施，更需要构建与这些技术设施相配套的创新机制，基于创新的智慧城市创新机制体现了信息时代的创新特征，为智慧城市建设及发展提供有力保障。

6.1.3　管理机制

智慧城市治理模式应是一个以政府部门为主导，企业、非政府组织、公众共同参与的互动网络（图 6-1），不同治理主体之间是一种相互依赖、平等协商、相互监督的关系。

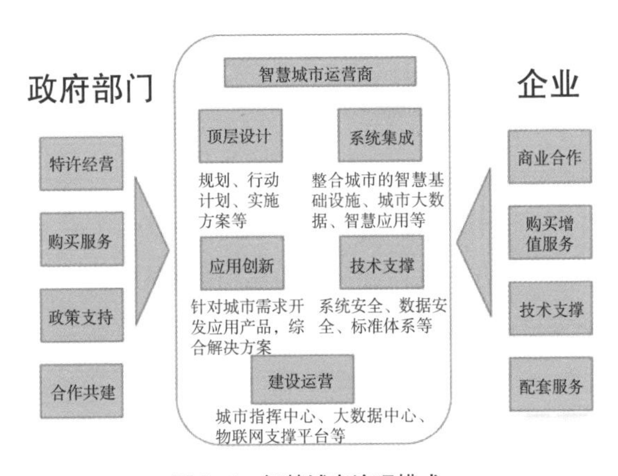

图 6-1　智慧城市治理模式

6.2　搭建平台系统，融合前沿技术

1 利用综合实务系统实现管养体系、全流程的信息化。

构建完善的管养综合实务系统及移动 APP（图 6-2），实现养护作业管理、项目监管等业务流程信息化、无纸化及闭环管理（图 6-3），降低人工、时间成本，通过移动办公、网络云服务等优势帮助公司实时掌控所辖各项目的资产信息及业务执行状况，促进管理养护各项工作责任化、规范化、透明化，提升运管整体管理水平。

图 6-2　巡查记录

图 6-3　审批记录

2 利用车载摄像头及定位系统，实现养护现场实时监控。

在巡查车、施工作业车辆上加装高清相机及车载定位系统（图 6–4），车辆外出作业时，现场画面（图 6–5）可实时回传至指挥中心大屏，指挥中心可第一时间了解现场巡查、作业实施情况。此外，利用车载定位系统，对车辆的车速及轨迹进行监控管理。

3 利用物联网设备一张图管理，实现资产的全寿命状态监测。

建立一个以物联网设备 +GIS 为基础、可扩展的资产全寿命管理云平台。对项目内的智慧路灯、智慧井盖、智慧箱变、智慧信号灯以及智慧亮化智能设施进行在线监测（图 6–6），并对园区内设施设备的增加、折损进行数字化全寿命跟踪，评估资产价值。

4 建立高效的交通流监测与应急预案管理系统。

建立高效的事故应急系统，主要包括应急资源库、防汛点、医院、消防站等资源（图 6–7），提前准备好应急资源及应对策略，针对所在区域内事故类型、程度、发生时间及地点做好应急准备，短时间内整合资源快速处理事故。

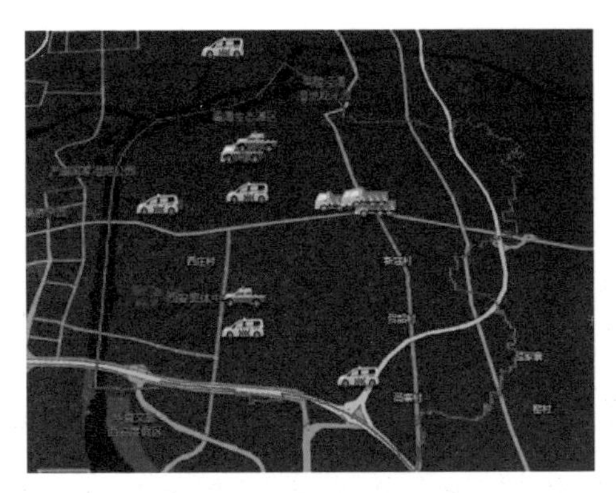

图 6-4 车辆动态管理

图 6-5 现场实施监控

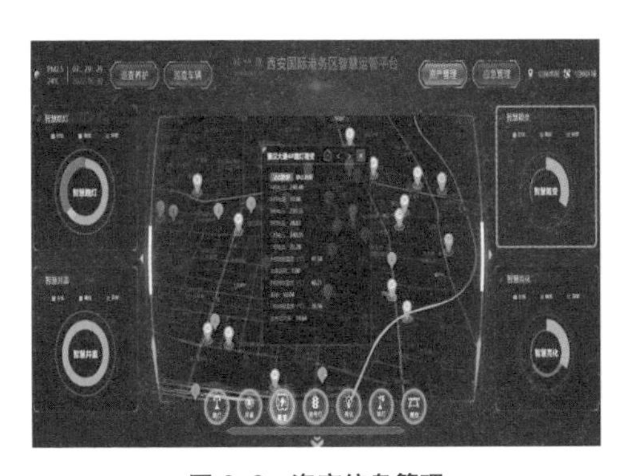

图 6-6 资产信息管理

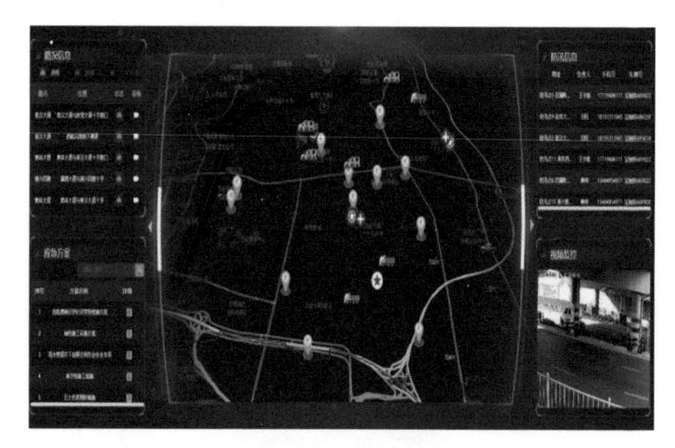

图 6-7　应急管理

6.3　做好试点示范，助推科技引领

1 应急防汛

借助通信技术、物联网、大数据等先进技术，打造智能防汛“一张图”管理。利用现状地形、管网空间数据，构建智慧应急防汛服务平台，录入各积水点具体位置与保障措施，提高城市内涝巡查与处置效率；建立预警、监测、决策、调度一体化的管控系统，实现防汛监测预警智能化、资源管理统一化、应急响应协同化，完成汛情信息的集中决策与处理，形成统一的应急联动方案，实现防汛人员的统一指挥、快速、合理调度，提高应急管理能力。

2 智慧路灯

对园区内智慧路灯进行运维管理，智慧路灯实现了多杆合一的理念，提升了智慧城市的形象。智慧运管平台可以实现对路灯的远程集中控制、故障自动报警以及 5G 基站大数据检测等功能。从而提升公共照明管理水平，节省维护成本。多杆合一提升治理水平、电力管廊入地载体、智慧城市入口平台提升智慧城市形象、无需人工调试，只需一台传感器及物联网卡，通过智慧模块的安装，提升了维护效率，便于集中统一管理，降低能耗、节约资源。

依托智慧设施的物联数据，实现智慧道路的集成化管理及可视化应用，支持道路全景实时感知，提供多渠道、全过程、全方式的多元信息共享与发布服务功能（图 6–8）。

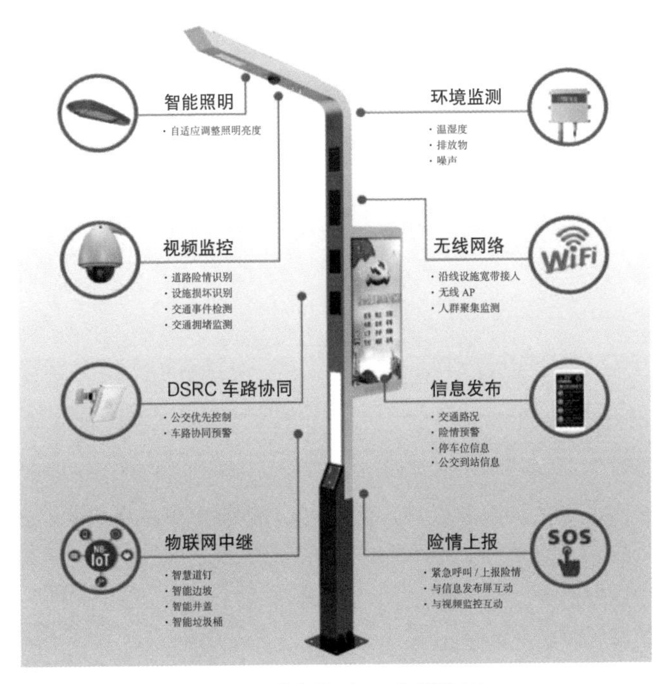

图 6–8　应急管理——智慧路灯

3 智慧箱变

箱变智慧化模块集智慧控制、用电监测安全防护为一体，利用前端智能设备将电流、电压、功率、温度等各项参数实时传回智慧中心，分析箱变内部运行状况，实现提前报警、提前处置，箱体、线缆温度检测、电流、电压、功率电能数据传输、超负荷、功率因数、不平衡越线报警、开关变位事件、装置自检事件、报警事件、越线事件，保证市民用电需求（图 6–9）。

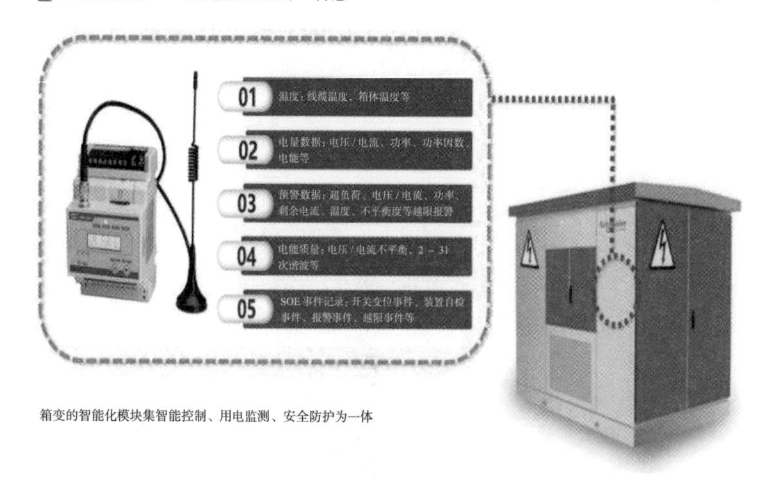

图 6-9　应急管理——智慧箱变

4 智慧信号灯

LED 智慧交通信号灯系统，前端设备与智慧运管平台实时通信，将设备的运行参数以及显示器运行情况实时反馈至运管平台，及时发现运行故障，接受平台统一调度指令，完成设备运营管理。信号灯故障自动预警上报，智慧调控缓减交通压力，自动调整信号灯配时参数，全局控制保障安全出行。

5 智慧井盖

智慧井盖系统实现井盖信息化管理，通过井盖内部安装的传感器，对井盖非正常开启或丢失、损坏等状况实时报警、及时处置，保证市政道路的安全运行。同时对检查井内的水位、水流量、气体等进行检测，反馈至管理平台，实现提前预警、高效处置。检测井盖丢失、破损等情况，对水位及有毒气体检测信息自动上报、无需人工巡查。

6 智慧监控

智慧视频监控系统利用计算机视觉和图像处理等技术，对视频图像进行处理、分析和解读，并对视频监控系统进行智能控制，监控系统可以智能识别不同的物体，发现监控画面中的异常情况，以最快捷的方式发出警报并提供有效的信息，帮助监控人员获取准确的信息与处理突发事件；过滤掉无关信息，为监控人员提供有效信息，进而提高视频监控系统智能化与自动化水平，有效解决传统视频监控系统的数据量巨大、响应时间长及人员视觉疲劳造成的监控效率低、反应慢与繁重的工作量等问题。

6.4　加大智慧应用，保障城市发展

1 桥梁运维

智慧运维系统的构建，将园区市政道路及配套设施由传统的巡查模式，提升为“可感知、有思维、云计算”的整体式交通服务体系。在车辆上安装 GPS 定位系统、车载摄像头、路测宝等设备。实现施工可视化、车辆动态管理、损坏设施上报等功效，为政府和管理部门提高道路科学化、精细化、智能化管理水平。针对不同道路的运维需求，通过在线传感系统和智能化的巡检设备，在云平台的运算、存储和兼容能力支撑下，采用运行维护、设施评估等多个环节，实现网络化、集约化管理。

桥梁智慧管理系统主要包括桥梁档案信息管理、桥梁日常巡查维护管理、桥梁动态监控、桥梁技术状况评估等，实现“一桥一档”，是评估桥梁技术状况的重要依据。智慧支座、压力传感器、位移传感器及无线信号发射器等设备将采集到的数据通过使用无线信号发射器进行传输。智慧桥梁支座能够对桥梁支座的受力、位移情况进行实时监测和传输，便于及时掌握桥梁支座使用状况，同时分析桥梁整体运行情况（图 6–10、图 6–11），并采取相应措施，从而使桥梁获得更长的使用寿命。

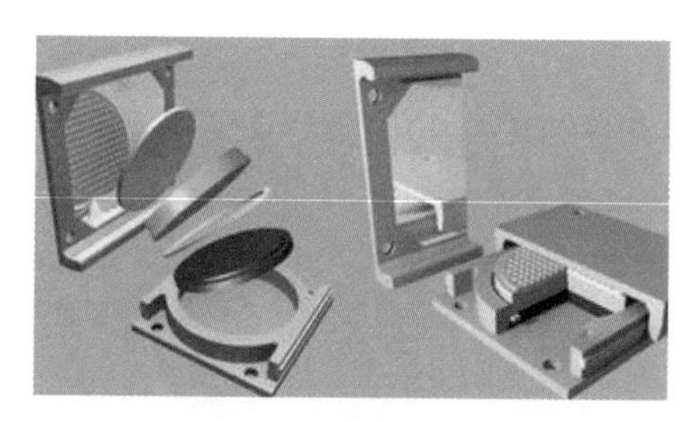

图 6-10　智慧支座设备

图 6-11　位移传感设备

2 管网运维

针对城市地下管线管理面临的问题，智慧管网在定位地下管线的基础上，实时监测管线运行状态，构建地下管线全综合信息管理，并建立管线动态更新和有效的管理机制，面向政府决策层、管线主管单位、维护单位和社会公众，提供数据共享和决策服务，实现城市地下管线信息的及时交换、共享、智能分析和动态更新，使城市地下管线在城市的规划建设和管理中真正起到基础性的保障和服务作用，最终实现城市地下管线的高效监管、有序建设和规范管理。

运营指挥中心：将信息实时显示在平台上，出现问题及时预警，防止影响事件的发生，切实保障地区用水。

给水管网安装智能水表：实现对水流量、水压等的自动检测上报，实时发现异常渗漏、异常水压等故障信息。

排水管网在井盖上安装传感器：实时上报井盖的异常开启信息，实现对水流，水质等的检测（图 6-12）。

图 6-12　智慧井盖传感设备

3 电力管廊运维

电力管廊运维系统依托于智慧管线系统数据基础，将系统功能以及各专业类型进行分解，分别设有强电检测、弱电检测等。系统结合手持移动智慧终端实现对强弱电供电线缆智慧化、精细化管理，为电力管廊“巡查—上报—维修”提供高效、便捷的流程支持。该系统主要用于巡检人员任务管理、上报事件分析、绩效考核、通知公告、系统设置、远程监控、信息储存管理等，为电力管廊安全管理提供强有力的信息化手段（图 6-13）。

图 6-13　智能设备巡检

4 隧道运维

在隧道中安装设置隧道智慧巡检探头，对隧道内照明、通风、空气检测、消防联动、水位检测及排水联动、安全防护等设施进行监控。系统采集处理、无线数据传输、网络数据通信、自动控制等多功能技术综合应用为一体，能在固定区域实时监控，可实现隧道内车流量检测、违法抓拍、实时语音、声光预警、远程操控和自动提醒报警等功能。与现有的人员有机联动，采取“线上＋线下”方式对隧道全天候智慧巡检，大幅提升隧道管理效率，降低交通事故发生，保障隧道安全运行（图 6–14）。

图 6–14　隧道智慧运维

5 智慧交通

智慧交通控制系统的管理平台就是集中管理，分级控制，充分利用现有通信和控制技术，按实际交通现状对各道路交叉路口的疏导，实现分布式协调的分级控制，提高道路通行能力，减少交通事故。包括有对发生的交通事故、交通拥堵和突发事件等进行远程监控和处理；根据实际需要对路口的交通信号配时进行人工干预和微调，确保路口的通行有序和高效；对车辆布控、抓捕、实时追踪和轨迹回放功能。

智慧交通架构主要内容包括智慧交通中枢、智慧设施建设、创新应用亮点（图 6–15）。

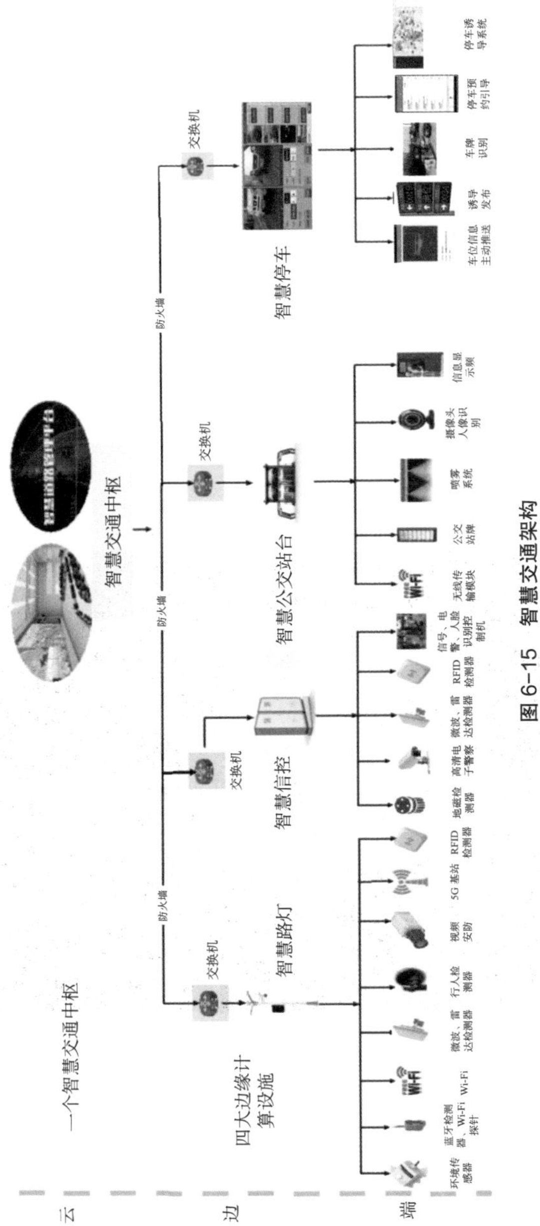

云
边
端
一个智慧交通中枢
四大边缘计算设施
智慧交通中枢
防火墙
交换机
智慧路灯
智慧信控
智慧公交站台
智慧停车
环境传感器
蓝牙检测器、Wi-Fi探针
Wi-Fi
微波、雷达检测器
行人检测器
视频安防
5G基站
RFID检测器
地磁检测器
高清电子警察
微波、雷达检测器
RFID检测器
信号、电警、人脸识别控制机
无线传输模块
公交站牌
喷雾系统
摄像头人像识别
信息显示频
车位信息主动推送
诱导发布
车牌识别
停车预约引导
停车诱导系统

图6-15 智慧交通架构

基于自建机房和私有云服务设施搭建数据汇聚平台，通过多源交通数据汇聚及融合技术，构建交通大数据平台，实现数据资源汇聚和深度计算、分析，支撑智慧交通应用实现；建立智慧交通与其他专项系统的联动模式，支撑其他专项系统交通数据应用需求。

在接受全市调度指令、协同数据的同时，汇集交通运行全息数据，建设“全市调度快速响应、区内决策科学支持、管控信息实时发布”的“人—车—路”全息交通态势感知和分析决策系统。

6 智慧巡查

1）道路养护情况时空可追溯

依托道路基础数据、智能巡查病害信息，结合 GIS 地图空间展示，巡视一张图平台能够从时间、空间、病害信息三维角度综合再现道路养护巡查情况（图 6-16）。

图 6-16 道路养护巡查情况

2）重点区域雷达探测

平台将融合探地雷达路基检测数据和重大工程区域数据，在大屏上展示已检测位置路基病害情况，便于病害情况跟踪统管。

3）风貌区养护提标

通过风貌区道路巡查数据和养护要求，管理者能够综合制定更加合理的资金分配方式和最优养护方案，实现区域设施精准养护、精细化提标效果。

4）养护计划智能生成

融合道路属性数据、病害巡查数据、道路养护数据、业务管理数据，加入道路平整度及路面破损度指标，智能生成下月道路养护计划，达到全局统筹养护效果。

5）日常零星养护

零星养护案件派单：智能车在日常道路巡检过程中采集道路病害数据，并将符合养护病害等级要求的病害生成案件派发给养护系统，由养护系统接收案件并进行养护处置。完成零星病害从发现到修复的一个业务闭环。

6）月度养护计划建议

结合大中修、架空线等施工计划，按照道路破损率、平整度、病害密度等数据综合分析出需要进行计划养护的路段。为提高道路精细化养护指标要求和加强道路预防性修复能力，制定道路养护建议。结合养护计划实际执行情况，跟踪道路养护后的巡查数据变化。

7）频发病害跟踪

病害维修跟踪：为养护的作业质量提供数据分析参考。

平整度达标情况：通过分析病害修复后的平整度数据，分析修复后的道路是否符合养护平整度要求。

养护质量达标情况：病害维修跟踪，分析是否因养护质量引起的在质保期内病害复现。

8）重点观察

建立重点关注目标，观察重要路段和易损道路路段的病害发生情况，定期进行高频巡检，分析路下结构，为道路改造维护提供依据。

9）专项养护建议

针对发现的各类普遍性路面质量问题，提出专项整治建议，譬如：

路口车辙专项整治行动计划；频发病害路基专项整治行动计划。

7 效益分析

智慧运管平台的规划建设，就是以保障城市道路及基础设施的正常运行和减少交通事故，提升公众出行安全、舒适为目的，利用信息系统、通信网络、定位系统、远程管理和智能化分析等代替传统劳动力，不仅节约了大量的资金，而且保持了城市建设和发展的可持续性，具有良好的社会和经济效益。

智慧运管平台的建立对城市基础设施维修养护做出了重大改善。首先，对城市道路建设的基础设施更加完备，可以提高城市道路的等级水平。其次，道路及配套设施维护使用可以减少其新建或者改扩建，减少道路用地与能源损耗。另外，与大量投资于道路建设来解决城市建设问题相比，智慧养护不仅节约了大量的资金，而且保持了城市建设和发展的可持续性。

市政道路及配套设施智慧管养技术搭建了智慧运管平台，运用5G 技术，对传统设备进行智能化改造，在设施上安装智能模块，第一时间将故障信息上报至智慧城市运管平台，10min 内到达现场，2h 内排除故障。在道路巡查车上安装路测宝系统，对经过的路面进行自动扫描、检测和分析，指挥中心根据具体情况调配人员和设备，24h 内完成病害处理，真正实现了全区域、全天候的专业城市运维。智能化模块还能对设备运行情况进行自检，做出故障预警，把故障处理在萌芽状态，实现了设备与平台之间的互联互通，做到了数据传输的即时性、准确性、全面性，提高了运维作业的质量和效率，具有良好的社会和经济效益。

智慧运管平台能够解决区域性、多专业的运维难题，实现大数据自动化分析、全设备信息化监测、多专业融合化运行的运维新高度，做到了历史数据的随时查询，未来决策的数据支撑。平台实现了市政基础设施的一张图管理，信息数据实时对接，多层次同步进行、多专业协同作业，及时发现问题，快速解决问题，让城市运维低成本、高效率，在城市市政公用设施智慧运管领域具有广泛的推广应用前景。